项目支持：国家自然科学基金项目（11702240）

盐城工学院校级科研项目人才项目（xjr2019001）

盐城工学院校学术专著出版基金项目

虚拟现实与人工智能应用技术融合性研究

刘大琨 著

中国海洋大学出版社

·青 岛·

图书在版编目（ＣＩＰ）数据

虚拟现实与人工智能应用技术融合性研究 / 刘大琨
著 . -- 青岛：中国海洋大学出版社，2019.2
　　ISBN 978-7-5670-2076-4

　　Ⅰ . ①虚… Ⅱ . ①刘… Ⅲ . ①虚拟现实—研究②人工
智能—研究 Ⅳ . ① TP391.98 ② TP18

　　中国版本图书馆 CIP 数据核字 (2019) 第 020103 号

虚拟现实与人工智能应用技术融合性研究

出 版 人	杨立敏
出版发行	中国海洋大学出版社有限公司

社　　　址	青岛市香港东路 23 号	邮政编码	266071
网　　　址	http://pub.ouc.edu.cn		
责任编辑	郑雪姣	电　　话	0532-85901092
电子邮箱	zhengxuejiao@ouc-press.com		
图片统筹	河北优盛文化传播有限公司		
装帧设计	河北优盛文化传播有限公司		
印　　制	定州启航印刷有限公司		
版　　次	2019 年 6 月第 1 版		
印　　次	2019 年 6 月第 1 次印刷		
成品尺寸	185mm×260mm	印　　张	12.5
字　　数	276 千	印　　数	1~1000
定　　价	49.00 元		
订购电话	0532-82032573（传真）	18133833353	

发现印刷质量问题，请致电 18133833353 进行调换。

前　言

2016 年 3 月，谷歌旗下公司领衔开发的人工智能程序 AlphaGo（阿尔法围棋）在与世界围棋冠军、韩国职业围棋九段棋手李世石的围棋人机大战中，以 4 比 1 的总比分获胜，引起了全世界广泛关注，也让人工智能、神经科学和深度学习等概念进入公众视野。

1956 年，在达特茅斯学院的夏季研讨会上，"人工智能"第一次被确定为学科名称。时至今日，人工智能已经因为人们期望与现实的差距而两次陷入低谷。1993 年，科幻小说作家、计算机科学家弗诺·文奇首次提出了计算"奇点"的概念：在这个点上，机器智能将取得飞速进步，它将成功地跨过那个门槛，然后实现飞跃，成为"超级人类"。1997 年，计算机系统"深蓝"战胜国际象棋世界冠军卡斯帕罗夫，成为人工智能发展的里程碑事件。2006 年，Hinton 提出"深度学习"神经网络使人工智能获得突破性进展。

目前，人工智能企业在机器学习、自然语言处理、计算机视觉、虚拟个人助理、语音识别、智能机器人等领域取得了快速发展，美国、中国、英国在人工智能企业数量、融资规模方面位居前列。谷歌、微软、华为、百度、小米、腾讯等企业纷纷布局人工智能，在虚拟助手、医疗和交通领域进行开拓。在媒介领域，人工智能的影响已初步显现，信息推荐系统、机器新闻写作是目前最常见的应用，未来人工智能将在内容的生产和分发中扮演更重要的角色，但这并不意味着媒体人将面临集体失业的灰暗未来。未来的媒介领域，将由人机协同完成内容的发现、创作、传播与反馈。

人工智能在感知、决策与反馈三方面展现出广阔的前景。短期来看，人工智能将延续当前的发展方式，不断攻克技术难关，将触角延伸至更多应用领域。从长远来看，人工智能将极大改变人类生活，重塑诸多领域。我们对人工智能的认识不但要跳出"人工智能将统治人类"的常见误区，还要反思和警惕伴随人工智能发展过程中的偏见、隐私侵犯及技术性失业等问题。

同样是在 2016 年，随着社会资本的大规模投入，虚拟现实产业热潮涌起，大众对该领域的关注达到了前所未有的程度。然而，虚拟现实并不是一项"新"技术，它从 20 世纪 60 年代开始被研发，至今已历经半个多世纪，而虚拟现实理念的产生则更早。

19 世纪 60 年代，艺术家就已经开始通过创作三维的全景壁画探索虚拟现实。文学作品中也曾有对未来世界中的头戴式设备提供的"沉浸式体验"的最早描述，它"可以为观众提供图像、气味、声音等一系列的感官体验，以便让观众能够更好地沉浸在电影的世界中"。1968 年，计算机图形学之父伊凡·苏泽兰设计出世界上第一款与电脑直接相连的头戴式虚拟现实设备——达摩克利斯之剑，标志着虚拟现实从小说走进了现实。1987 年，作为美国 VPL

公司创始人的杰伦·拉尼尔设计出一款价值 10 万美元的虚拟现实头盔并正式提出虚拟现实一词。拉尼尔将虚拟现实设备推向了民用市场，开启 20 世纪 90 年代虚拟现实的第一次热潮。各种与虚拟现实相关的电影作品和科幻小说大热，各类科技公司也纷纷在虚拟现实领域大力布局。但是，不管是 1991 年笨重的"Virtuality 1000CS"头盔还是 1995 年任天堂推出的价格昂贵且用户体验欠佳的"Virtual Boy"家用游戏机都让人们对这项技术的现实应用感到失望，市场迅速对这个领域失去兴趣。

尽管虚拟现实设备在市场上不受青睐，但作为技术的虚拟现实并没有止步不前。2006 年，美国国防部开发了一套虚拟现实设备，对专业人士进行应对城市危机的能力训练和测试。2008 年，美国南加州大学的临床心理学家利用虚拟现实游戏治疗因参加伊拉克战争而患有应激障碍的军人。2014 年，当 Facebook 以 20 亿美元收购 Oculus VR 公司时，沉寂了十多年的虚拟现实终于再次爆发。从 Google 的 CardBoard 到三星的 Gear VR，各种消费级别的虚拟现实产品层出不穷。

虚拟现实技术目前已在军事、航空等高精尖领域发挥重要作用，其应用于影视、游戏、社交、教育等领域的潜力也日益凸显。尽管目前粗糙的用户体验、昂贵的硬件设备、尚未成形的行业标准等问题依然制约虚拟现实产业的发展，但从长远看，未来虚拟现实将在视频娱乐、事件直播、视频游戏、零售、教育、医疗保健、房地产等领域创造出全新的市场。

在媒介领域，虚拟现实技术带来的沉浸感与新闻报道中力求展现新闻真实这一点不谋而合。新闻机构在新闻现场全景式画面采集、通过虚拟现实设备全方位展现新闻现场的虚拟现实报道方面也不乏探索。但是，新闻从业者很快发现，制作周期漫长、制作成本过高使突发性新闻并不适合结合虚拟现实报道，并且虚拟现实技术不可避免地对传统新闻理念范式构成巨大挑战，真实世界与虚拟世界边界的模糊要求新闻从业者尤其需要保持冷静和理性。当我们沉浸在对虚拟现实创造的美丽新世界的幻想时，也更应警惕虚拟现实超级世界的背后掌舵者。技术由人创造，以服务生活为导向，但技术同样由人掌控，也有可能成为控制观念、重塑社会的力量。

本书聚焦"人工智能"和"虚拟现实"两大技术，希望在跨学科和跨行业的视野下，关注这两项技术在全球范围内的研发现状和应用前景，探讨它们如何影响社会结构、行业发展和个人生活，并深入思考由此带来的伦理问题和文化现象。

由于水平有限，经验不足，本书难免存在诸多不足之处，敬请读者予以指正。

著　者

2019 年 1 月

目 录

第一章　虚拟现实技术

第一节　虚拟现实技术的概念

在《庄子·齐物论》中记载了"庄周梦蝶"的故事：庄周梦见自己变成蝴蝶，很生动逼真的一只蝴蝶，感到多么愉快和惬意啊！不知道自己原本是庄周。突然间醒过来，惊惶不定之间方知原来是我庄周。不知是庄周梦中变成蝴蝶呢，还是蝴蝶梦见自己变成庄周呢？"庄周梦蝶"是庄子借由其故事所提出的一个哲学论点，其探讨的哲学课题是作为认识主体的人究竟能不能确切地区分真实和虚幻。随着科学技术的发展，这种"虚"与"实"的辩证关系得到了进一步的诠释。虚拟现实（Virtual Reality，VR）是利用计算机模拟产生一个三维空间的虚拟世界，提供使用者关于视觉、听觉、触觉等感官的模拟，可以直接观察、操作、触摸、检测周围环境及事物的内在变化，并能与之发生"交互"作用，使人和计算机很好地"融为一体"，给人一种"身临其境"的感觉，可以实时、没有限制地观察三维空间内的事物。

虚拟现实是一项综合集成技术，涉及计算机图形学、人机交互技术、传感技术、人工智能、计算机仿真、立体显示、计算机网络、并行处理与高性能计算等技术和领域，它用计算机生成逼真的三维视觉、听觉、触觉等感觉，使人作为参与者通过适当的装置，自然地对虚拟世界进行体验和交互作用。使用者进行位置移动时，电脑可以立即进行复杂的运算，将精确的 3D 世界影像传感，产生临场感。中华人民共和国国务院 2006 年 2 月 9 日发布的《国家中长期科学和技术发展规划纲要（2006 — 2020 年)》中提到大力发展虚拟现实这一前沿技术，重点研究心理学、控制学、计算机图形学、数据库设计、实时分布系统、电子学和多媒体技术等多学科融合的技术，研究医学、娱乐、艺术与教育、军事及工业制造管理等多个相关领域的虚拟现实技术和系统。2009 年 2 月，美国工程院评出 21 世纪 14 项重大科学工程技术，虚拟现实技术是其中之一。

概括地说，虚拟现实是人们通过计算机对复杂数据进行可视化操作与交互的一种全新方式，与传统的人机界面以及流行的视窗操作相比，虚拟现实在技术思想上有了质的飞跃。虚拟现实中的"现实"泛指在物理意义上或功能意义上存在于世界上的任何事物或环境，它可以是实际上可实现的，也可以是实际上难以实现的或根本无法实现的。而"虚拟"是指用计算机生成的意思。因此，虚拟现实是指用计算机生成的一种特殊环境，人可以通过使用各种特殊装置将自己"投射"到这个环境中，并操作、控制环境，实现特殊的目的，即人是这种环境的主宰。虚拟现实不但在军事、医学、设计、考古、艺术以及娱乐等诸多领域得到越来越多的应用，而且带来巨大的经济效益。在某种意义上说，它将改变人们的思维方式，甚至会改变人们对世界、自己、空间和时间的看法。它是一项发展中的、具有深远的潜在应用方向的新技术，正成为继理论研究和实验研究之后第三种认识、改造客观世界的重要手段。通过虚拟环境所保证的真实性，用户可以根据在虚拟环境中的体验、对所关注的客观世界中发生的事件做出判断和决策。虚拟现实开辟了人类科研实践、生产实践和社会生活的崭新图式。

虚拟现实概念和研究目标的形成与相关科学技术，特别是计算机科学技术的发展密切相关。计算机的出现给人类社会的许多方面都带来极大的冲击，它的影响力远地超出了技术的范畴。计算机的出现和发展已经在几乎所有的领域都得到了广泛的应用，甚至可以说计算机已经成为现代科学技术的支柱。当我们对目前已取得的信息技术的成就进行分析时，既要充分肯定历史上的各种计算机所发挥过的重要作用，又要客观地认识到现有计算机应用的局限性和不足之处。人们目前使用冯·诺依曼结构的计算机，必须把大脑中部分属于并发的、联想的、形象的和模糊的思维强行翻译成计算机所能接受的串行的、刻板的、明确的和严格遵守形式逻辑规则的机器指令，这种翻译过程不仅十分烦琐和机械，而且技巧性很强，同时还要因不同的机器而异。机器所能接受和处理的也仅是数字化的信息，未受过专业化训练的一般用户仍很难直接使用这种计算机。因此，在真正向计算机提出需求的用户和计算机系统之间存在着一条鸿沟，被求解的问题越综合、越形象、越直觉、越模糊，用户和计算机之间的鸿沟就越宽。人们从主观愿望出发，十分迫切地想与计算机建立一个和谐的人机环境，使我们认识客观问题时的认识空间与计算机处理问题时的处理空间尽可能地一致。把计算机只善于处理数字化的单维信息改变为计算机也善于处理人能所感受到的、在思维过程中所接触到的、除了数字化信息之外的其他各种表现形式的多维信息。

计算机科学工作者有永恒的三大追求目标：使计算机系统更快速、更聪明和更适人。硬件技术仍将得到飞速的发展，但已不是单纯地提高处理速度，而是在提高处理速度的同时，更着重于提高人与信息社会的接口能力。正如美国数学家、图灵奖得主 Richard Hamming 所言：计算的目的是洞察，而不是数据。人们需要以更直观的方式去观察计算结果、操纵计算结果，而不仅是通过打印输出或屏幕窗口显示计算结果的数据。另一方面，传统上人们通过键盘、鼠标、打印机等设备向计算机输入指令和从计算机获得计算结果。为了使用计算机，人们不得不首先熟悉这些交互设备，然后将自己的意图通过这些设备间接地传给计算机，最后以文字、图表、曲线等形式得到处理结果。这种以计算机为中心、让用户适应计算机的传统的鼠标、键盘、窗口等交互方式严重地阻碍了计算机的应用。随着计算机技术的发展，交互设备的不断更新，用户必须重新熟悉新的交互设备。实际上，人们更习惯于日常生活中的人与人、人与环境之间的交互方式，其特点是形象、直观、自然。通过人的多种感官接收信息，如可见、可听、可说、可摸、可拿等，这种交互方式也是人所共有的，对于时间、地点的变化是相对不变的。为了建立起方便、自然的人与计算机的交互环境，就必须适应人类的习惯，实现人们所熟悉和容易接受的形象、直观和自然的交互方式。人不仅要求能通过打印输出或显示屏幕上的窗口，从外部去观察处理的结果，而且要求能通过人的视觉、听觉、触觉、嗅觉以及形体、手势或口令，参与到信息处理的环境中去，从而获得身临其境的体验。这种信息处理系统已不再是建立在一个单维的数字化信息空间上，而是建立在一个多维化的信息空间中，建立在一个定性和定量相结合，感性认识和理性认识相结合的综合集成环境中。Myron Krueg 研究"人工现实"的初衷就是"计算机应该适应人，而不是人适应计算机"，他认为人类与计算机相比，人类的进化慢得多，人机接口的改进应该基于相对不变的人类特性。

目前，CPU 的处理能力已不是制约计算机应用和发展的障碍，最关键的制约因素是人机交互技术（Human-Computer Interaction，HCD）。人机交互是研究人（用户、使用者）、计算机以及它们之间相互影响的技术；人机界面（User Interface）是人机交互赖以实现的软硬件资源，是人与计算机之间传递、交换信息的媒介和对话接口。人机交互技术是和计算机的发展相辅相成的。一方面，计算机速度的提高使人机交互技术的实现变为可能；另一方面，人机交互对计算机的发展起着引领作用。正是人机交互技术造就了辉煌的个人计算机时代（20 世纪八九十年代），鼠标、图形界面对 PC 的发展起到了巨大的促进作用。人机界面是计算机系统的重要组成部分，它的开发工作量占系统的 40%～60%。在虚拟现实技术中，人机交互不再仅借助键盘、鼠标、菜单，还采用头盔、数据手套和数据衣等，甚至向"无障碍"的方向发展，最终的计算机应能对人体有感觉，聆听人的声音，通过人的所有感官传递反应。虚拟现实技术采用人与人之间进行交流的方式（而不是以人去适应计算机及其设备的方式）实现人与机器之间的交互，从根本上改变人与计算机系统的交互操作方式。

20 世纪 80 年代以来，随着计算机技术、网络技术等新技术的高速发展及应用，虚拟现实技术发展迅速，并呈现多样化的发展势态，其内涵已经大大扩展。现在，虚拟现实技术不仅指那些高档工作站、头盔式显示器等一系列昂贵设备采用的技术，而且包括一切与其有关的具有自然交互、逼真体验的技术与方法。虚拟现实技术的目的在于达到真实的体验和面向自然的交互，因此只要是能达到上述部分目标的系统就可以称为虚拟现实系统。

第二节　虚拟现实技术的特征

虚拟现实是人们通过计算机对复杂数据进行可视化、操作以及实时交互的环境。与传统的计算机人——机界面（如键盘、鼠标、图形用户界面以及流行的 Windows 等）相比，虚拟现实无论在技术上还是思想上都有质的飞跃。传统的人——机界面将用户和计算机视为

2个独立的实体，而将界面视为信息交换的媒介，由用户把要求或指令输入计算机，计算机对信息或受控对象做出动作反馈。虚拟现实则将用户和计算机视为一个整体，通过各种直观的工具将信息进行可视化，形成一个逼真的环境，用户直接置身于这种三维信息空间中自由地使用各种信息，并由此控制计算机。1993 年，Grigore C.Burdea 在 Electro93 国际会议上发表的 "Virtual Reality System and Application" 一文中，提出了虚拟现实技术的三个特征，即：沉浸性、交互性、构想性，如图 1-1 所示。

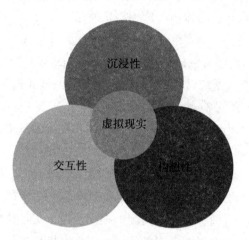

图 1-1　虚拟现实的 3I 特征

一、沉浸性

沉浸性（Immersion）又称临场感，指用户感到作为主角存在于模拟环境中的真实程度。虚拟现实技术根据人类的视觉、听觉的生理心理特点，由计算机产生逼真的三维立体图像，在使用者戴上头盔显示器和数据手套等设备后，便将自己置身于虚拟环境中，并可与虚拟环境中的各种对象相互作用，感觉十分逼真，如同沉浸于现实世界中一般。理想的模拟环境应该使用户难以分辨真假，使用户全身心地投入到计算机创建的三维虚拟环境中，该环境中的一切看上去是真的，听上去是真的，动起来是真的，甚至闻起来、尝起来等一切感觉都是真的，如同在现实世界中的感觉一样。

二、交互性

交互性（Interactivity）是指，用户对模拟环境内物体的可操作程度和从环境得到反馈的自然程度（包括实时性）、虚拟场景中对象依据物理学定律运动的程度等，它是人机和谐的关键性因素。用户进入虚拟环境后，通过多种传感器与多维化信息的环境发生交互作用，用户可以进行必要的操作，虚拟环境中做出的相应响应，亦与真实的一样。例如，用户可以用手去直接抓取模拟环境中虚拟的物体，这时手有握着东西的感觉，并可以感觉物体的重量，视野中被抓的物体也能立刻随着手的移动而移动。

人机交互是指用户与计算机系统之间的通信，它是人与计算机之间各种符号和动作的双向信息交换。这里的"交互"定义为一种通信，即信息交换，而且是一种双向的信息交换，可由人向计算机输入信息，也可由计算机向使用者反馈信息。这种信息交换的形式可以采用各种方式出现，如键盘上的击键、鼠标的移动、现实屏幕上的符号或图形等，也可以是声音、姿势或身体的动作等。人机界面（也称为用户界面）是指人类用户与计算机系统之间的通信媒体或手段，它是人机双向信息交换的支持软件和硬件。这里的"界面"定义为通信的媒体或手段，它的物化体现是有关的支持软件和硬件，如带有鼠标的图形显示终端。人机交互是通过一定的人机界面来实现的，在界面开发中有时把它们作为同义词使用。美国布朗大学 Andries van Dam 教授认为，人机交互的历史可以分为 4 个阶段，如图 1-2 所示。第一个阶段在 1950 年到 1960 年，计算机以批处理方式执行，主要的操作设备是打孔机和读卡机；第二个阶段从 1960 年一直到 20 世纪 80 年代早期，计算机以分时方式执行，主要的界面是命令行界面；第三个阶段大致从 20 世纪 70 年代早期直到现在仍然还在发展，主要的界面是图形用户界面，主要以鼠标操作那些使用桌面隐喻的界面，界面元素有窗口、菜单、图标等；第四个阶段除了有图形用户界面之外，如姿势识别、语音识别等先进交互技术的广泛应用，实际上即为所谓的 Post-WIMP 界面。虚拟现实的交互性主要体现在对 Post-WIMP 界面的进一步发展上，是一种以人为中心，自然和谐、高效的人机交互技术。

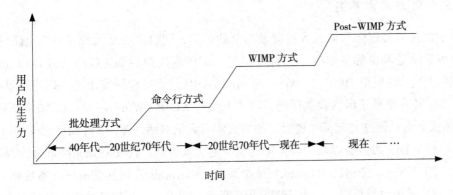

图 1-2　用户界面的发展

（一）批处理方式

在计算机发展的初期，人们通过批处理的方式使用计算机，这一阶段的用户界面是通过打孔纸带与计算机进行的交互，输入设备是穿孔卡片，输出设备是行式打印机，对计算机的操作和调试，是通过计算机控制面板上的开关、按键和指示灯来进行。当时人机界面的主要特点是由设计者本人（或部门同事）来使用计算机，采用手工操作和依赖二进制机器代码的交互方式，这只是用户界面的雏形阶段。

（二）命令行方式

20 世纪 50 年代中期，通用程序设计语言的出现为计算机的广泛应用提供了极为重要的工具，也改善了人与计算机的交互。这些语言中逐渐引入了不同层次的自然语言特性，人们可以较为容易地记忆这些语言。在人机界面上出现了用于多任务批处理的作业控制语言（JCL）。1963 年，麻省理工学院成功地研发了第一个分时系统 CTSS，并采用多个终端和正文编辑程序，它比以往的卡片或纸带输入更加方便和易于修改。尤其是在出现交互显示终端后，广泛采用了"命令行"（Command Line Interface，CLI）作业语言，极大地方便了程序员。这一阶段的人机界面特点是计算机的主要使用者——程序员可采用正文和命令的方式和计算机打交道，虽然要记忆许多命令和熟练地敲键盘，但已经可用较多的手段来调试程序，并且了解计算机执行的情况。命令行界面概念模型如图 1-3 所示。

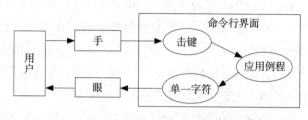

图 1-3　命令行界面概念模型

（三）图形用户界面

为了摆脱需要记忆和输入大量键盘命令的负担，同时由于超大规模集成电路的发展、高分辨率显示器和鼠标的出现，人机界面进入了图形用户界面（Graphical User Interface. GUI）的时代。20 世纪 70 年代，Xerox 公司和 PARC 研究机构研究出第三代用户界面的雏形，即在装备有图形显示器和鼠标的工作站上采用 WIMP（Window，Icon，Menu，Pointing Device）式界面，通过"鼠标加键盘"的方式实现人机对话。WIMP 界面概念模型如图 1-4 所示。这种 WIMP 式界面以及"鼠标加键盘"的交互方式，使交互效率和舒适性都有了很大提高，随后 Apple 公司的 Macintosh 操作系统、Microsoft 公司的 Windows 系统和 Unix 中的 Motif 窗口系统也纷纷效仿。由于图形用户界面使用简单，不懂计算机程序的普通用户也可以熟练地使用计算机，因而极大地开拓了计算机的使用人群，使之成为近 20 年占统治地位的交互方式。

图形用户界面的主要特点是桌面隐喻、WIMP 技术、直接操纵和所见即所得。

（1）桌面隐喻（Desktop Metaphor）。界面隐喻（Metaphor）是指用现实世界中已经存在的物为蓝本，对界面组织和交互方式的比拟。将人们对这些事物的知识（如与这些事物进行交互的技能）运用到人机界面中来，从而减少用户必需的认知努力。界面隐喻是指导用户界面设计和实现的基本思想。桌面隐喻采用办公的桌面作为蓝本，把图标放置在屏幕上，用户不用键入命令，只需要用鼠标选择图标就能调出一个菜单，用户可以选择想要的选项。

（2）WIMP 技术。WIMP 界面可以看作是命令行界面后的第二代人机界面，是基于图形方式的。WIMP 界面蕴含了语言和文化无关性，并提高了视觉搜索效率，通过菜单、小装饰（Widget）等提供了更丰富的表现形成。

（3）直接操纵。直接操纵用户界面（Direct Manipulation User Interface）是 Schneiderman 在 1983 年提出来的，特点是对象可视化、语法极小化和快速语义反馈。在直接操纵形式下，用户是动作的指挥者，处于控制地位，从而在人机交互过程中获得完全掌握和控制权。同时，系统对于用户操作的响应也是可预见的。

（4）所见即所得（WYSIWYG）。也称为可视化操作，使人们可以在屏幕上直接正确地得到即将打印到纸张上的效果。所见即所得向用户提供了无差异的屏幕显示和打印结果。

现有的 WIMP 界面完全依赖于控制鼠标和键盘的操作，手的交互负担很大，身体的其他部位无法有效参与到交互中来，而且交互过程仍然限制在二维平面，与真实世界的三维交互无法完全对应。随着计算技术的发展，人们对人机交互的方式不断提出更高的要求，希望以更自然舒适，更符合人自身习惯的方式与计算机进行交互，而且希望不再局限于桌面的计算环境。AndriesVanDam 于 1997 年提出了 Post-WIMP 的用户界面，他指出 Post-WIMP 界面是至少包含了一项不基于传统的 2D 交互组件的交互技术的界面。基于以用户为中心的界面设计思想，力求为人们提供一个更为自然的人机交互方式。利用人的多种感觉通道和动作通道（如语音、手写、表情、姿势、视线、笔等输入），以并行、非精确的方式与计算机系统进行交互，可以提高人机交互的自然性和高效性，这种 PostWIMP 界面更加适合人与虚拟环境的交互。目前，语音和手写输入在实用化方面已有很大进展，随着模式识别、全息图像、自然语言理解和新的传感技术的发展，人机界面技术将进一步朝着计算机主动感受、理解人的意图方向发展。以三维、沉浸感的逼真输出为标志的虚拟现实系统是多通道界面的重要应用目标。

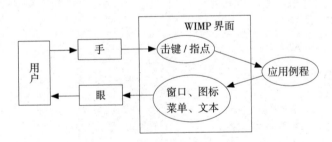

图 1-4　WIMP 界面概念模型

三、构想性

构想性（Imagination）是指强调虚拟现实技术应具有广阔的可想象空间，可拓宽人类认知范围，不仅可再现真实存在的环境，也可以随意构想客观不存在的甚至是不可能发生的环境。用户沉浸在"真实的"虚拟环境中，与虚拟环境进行各种交互作用，从定性和综合集成的环境中得到感性和理性的认识，从而可以深化概念，萌发新意，产生认识上的飞跃。因此，虚拟现实不仅是一个用户与终端的接口，而且可以使用户沉浸于此环境中获取新的知识，提高感性和理性认识，从而产生新的构思。这种构思结果输入系统中，系统会将处理后的状态实时显示或由传感装置反馈给用户。如此反复，这是一个学习——创造——

再学习——再创造的过程，因而可以说，虚拟现实是启发人的创造性思维的活动。

由于沉浸性、交互性和构想性 3 个特性的英文单词的第一个字母均为 I，所以这三个特性又通常被统称为 3I 特性。虚拟现实的 3 个特性生动地说明虚拟现实对现实世界不仅是在三维空间和一维时间的仿真，而且是对自然交互方式的虚拟。具有 3I 特性的完整虚拟现实系统不仅让人达到身体上完全的沉浸，而且精神上也是完全地投入其中。

第三节　虚拟现实的起源与发展

虚拟现实技术已经成为信息领域中，继多媒体技术、网络技术之后被广泛开发与应用的热点。目前，虚拟现实技术、理论分析和科学实验已经成为人类探索客观世界规律的三大手段。

虚拟现实在 2015 年频繁出现在公众视野中，但是直到现在还有不少人没弄清楚虚拟现实到底是什么。简而言之，用户仅需戴上一副现实增强眼镜（或者通过其他成像方式，如视网膜投射技术），就可以身临其境地感受到设备中的各种场景。阿里巴巴、腾讯、百度、谷歌、三星等巨头公司都直接或者间接进军该产业，很多人预言这项技术将会给未来社会带来巨大的改变。

设想一下，如果我们能行走在星球大战 7（Star Wars：Episode VII）场景中，将会是何种炫酷的感觉。如今，GearVR 三代以及 OculusCV1 和 HTCVive 等消费者版本已经面世，这种体验将不再是奢望，这一切都得力于虚拟现实技术的发展。

虚拟现实技术包括两层含义。"虚拟"是指这个时间或环境是虚拟的，不是真实的，由计算机生成的，存在于计算机内部的世界；"现实"是指真实的世界或现实的环境。2 个词语的结合则表明，通过各种技术手段创建出一个新的环境，让人感觉如同处在真实的客观世界中一样。

毫无疑问，虚拟现实 VR 设备一定是这个领域的主角之一。VR 设备的最大优势就是能够提供一个虚拟的三维立体空间，让用户从视觉、听觉、触觉等感官体验到非常逼真的模拟效果，仿佛就在现实环境中一样。因此，对于很多人们没有机会或者是不方便去尝试的情景，通过戴上 VR 设备就可以体验到。

随着虚拟现实技术的不断发展，很多公司都在研发虚拟现实设备，这项技术受到了外界广泛的关注与支持，在 2015 年上海举办的 ChinaJoy 展会上，就有很多展台展示出了虚拟现实设备供玩家体验。

不过，VR 并不是近几年才出现的全新技术，早在 20 世纪 60 年代，世界上就已经出现过第一台 VR 设备。下面回顾一下虚拟现实设备的发展历程。

一、Sensorama，1962 年

世界上第一台 VR 设备出现在 1962 年，这款名为"Sensorama"的设备需要用户坐在椅子上，把头探进设备内部，通过三面显示屏来形成空间感，从而形成虚拟现实体验。如图 1-5 所示。

图 1-5　史上第一台 VR 设备 Sensorama

二、Sutherland，1968 年

　　1968 年，有着"计算机图形学之父"美称的著名计算机科学家 Ivan Sutherland 设计了第一款头戴式显示器"Sutherland"。但是，由于受当时技术的限制，整个设备相当沉重，如果不跟天花板上的支撑杆连接是无法正常使用的，而其独特的造型也被用户戏称为悬在头上的"达摩克利斯之剑（The Sword of Damocles）"如图 1-6 所示。

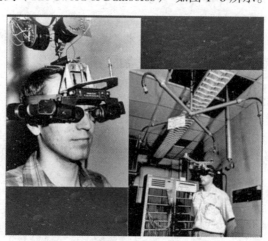

图 1-6　第一款头戴式显示器 Sutherland

不过，这款比鼠标还要早诞生 6 年的设备并没有太大的现实意义，对于用户来说，只不过是一个简单的 3D 显示工具而已。

三、Jaron Lanier，1987 年

与前面两者不同的是，Jaron Lanier 并不是 VR 设备的名字。美国 VPL 公司创建人杰伦·拉尼尔（Jaron Lanier），被业界称为"虚拟现实之父"，这位集计算机科学家、哲学家和音乐家三种身份于一身的天才在 1987 年提出了 VR 概念。

他首先提出了虚拟现实的概念：利用电脑模拟产生一个三维虚拟世界，提供使用者关于视觉、听觉、触觉等感官的模拟。作为数字化时代的缔造人之一，拉尼尔提出虚拟现实概念时才 20 岁，正沉浸在第一代硅谷梦想家和人工智能幻想家结成的小圈子里。而他本人也拼装了一台价值 10 万美元的虚拟现实头盔。很多与其志同道合的人在 20 世纪 80 年代中期聚集到硅谷，在租下的破旧平房里工作，将虚拟现实技术转化成成果。因为年代久远，这款头盔的造型已经找不到了，但是这套虚拟现实系统是第一款真正投放市场的 VR 商业产品。

目前，他供职于微软，负责 Hololens 的开发。他建立的 Kinect 游戏系统，可以让使用者在虚拟环境中看到自己的身体。

四、Virtual Boy，1995 年

从 20 世纪 80 年代到 20 世纪 90 年代，虽然人们一直在科幻电影中幻想虚拟现实的到来，可是 1991 年一款名为"Virtuality1000CS"的虚拟现实设备，充分地为当时的人们展现了 VR 产品的尴尬之处：外形笨重、功能单一以及价格昂贵，虽然被赋予希望，可依然是概念性的存在。

后来任天堂发布了名为"Virtual Boy"的虚拟现实主机（图 1-7），步子大了，太过超前的思维有时候很难支撑起残酷的现实。被时代周刊评为"史上最差的 50 个发明之一"的任天堂主机"Virtual Boy"仅在市场上生存了 6 个月就销声匿迹了。

Virtual Boy 由横井军平设计，是游戏界对虚拟现实的第一次尝试。之前 VB 计划以头罩式眼镜方式实现户外娱乐的可能性。山内溥在 1995 年 5 月突然独断决定将 VB 于 7 月 15 日投放市场，为了赶在预定时间推出，最终不得不把 VB 之前的头罩眼镜式设计改为三角支架平置桌面的妥协设计。

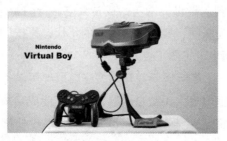

图 1-7　任天堂虚拟设备 Virtual Boy

VB 称得上是任天堂最革命的产品，横井军平试图用一种突破性的创意来改变游戏的发展方向，可惜由于理念过于前卫以及当时本身技术的局限等原因被唾弃。

在当时，有人说 VB 的失败来自内外部能量的共同夹击。一方面，VB 开发者横井军平的得意弟子拒绝参与游戏开发；另一方面，史克威尔借故推诿让许多 VB 游戏计划大幅度延迟。说到底，VB 失败的原因还是在于不合时宜，它的理念虽然很超前，然而这个步子真的迈得太大。

五、GoogleGlass，2012 年

之后的十几年里，或许是受到 VB 失败的影响，VR 设备似乎再没有掀起过热潮。除了任天堂之外，敢再次在 VR 做出大手笔动作的还有谷歌。

2012 年 4 月 5 日，谷歌发布了一款"拓展现实"的眼镜 GoogleGlass（见图 1-8），它具有和智能手机一样的功能，可以通过声音控制拍照、视频通话和辨明方向以及上网冲浪、处理文字信息和电子邮件等。相较于之前的 VR 设备，谷歌眼镜有着小而强大的特点，并且兼容性高，又有多款不同的颜色，对于爱时尚的用户而言，绝对是一款一流的装饰品。

图 1-8　拓展现实眼镜 GoogleGlass

虽然跟普遍意义上的 VR 有些区别，可以把之归结在 AR（增强现实）产品的范畴，但是在人机交互、开阔全新的现实视野上，谷歌眼镜又掀起了一阵风潮。然而，市场终究有着价格杠杆，对于大多数用户来说，超过 1 万元人民币的价格确实让人难以接受，而且据说这款设备还会窃取用户的隐私，加之数家电影院都禁止使用谷歌眼镜，所以在 2015 年 1 月 19 日，谷歌停止了谷歌眼镜的"探索者"项目。

六、OculusRift，2012 年

人们追求虚拟现实的理由很简单：新鲜感。没有人喜欢一成不变的生活，但碍于现实情况，大部分人无法体验到周游世界的美妙或是太空旅行的新奇，也无法成为中世纪战士或是超级英雄。所以，在互联网、智能平台迸发的年代，科技厂商们重拾虚拟现实的概念，OculusRift 等设备便应运而生了（图 1-9）。

OculusRift 显然是真正让普通消费者开始关注虚拟现实设备的功臣。这个于 2012 年登录 Kickstarter 众筹平台的虚拟现实头戴显示器，虽没有能成功集资，但获得了 1600 万美元的风投，完成首轮资本累积。后来，Facebook 在 2014 年 3 月花费 20 亿美元，收购了这家公司。

图 1-9　虚拟现实头盔 OculusRift

OculusRift 第二版开发包主要的改进在于减少恶心眩晕感、改进了 OLED 显示屏效果等，摄像头也能够更好地捕捉用户头部动作。

七、PlayStationVR，2014 年

另一个极受关注的虚拟现实显示器是索尼在 2014 年 GDC 游戏者开发大会上如期公布的 PlayStation 专用虚拟现实设备 ProjectMorpheus（图 1-10）。

从 2011 年开始，索尼就开始发布自己的头戴式显示器 HMZ 系列，此系列设备仅是作为屏幕的作用而出现。没有体感和重力感应的它大多数时候只是给玩家提供了一块看起来很巨型的 3D 屏幕而已。后来，在 PROTOTYPE-SR 上加装了摄像头和陀螺仪，能够将过去的影像和当前的影像进行融合的实验性设备。最后终于到了 ProjectMorpheus（现已更名为 PlayStationVR）登场的时间。

相对于 OculusRift 的跨平台兼容性，PlayStationVR 面向索尼的 PS4 游戏机，更像是一款垂直的游戏周边。当然，其优势也在于 PS4 用户数量、更强的购买力和众多游戏厂商的支持，在 2015 年多个游戏展上的成功演示，似乎让玩家们看到了虚拟现实游戏的未来。

图 1-10　虚拟现实头盔 PlayStationVR

PlayStationVR 一出生，就面对着与 Facebook 开发的 OculusRift、HTC 和 Valve 联合开发的 Vive 的竞争。2016 年 10 月 13 日，plastationVR 全球同步发售。2016 年 12 月，索尼 playstationVR 智能穿戴设备荣获年度卓越产品大奖。

八、HTCVive，2015 年

不得不提的还有 HTCVive（见图 1-11），这是一款 HTC 和 Valve 在 2015 年 3 月巴塞罗那世界移动通信大会上合作推出的一款 VR 游戏头盔，Valve 有全球最大的综合性数字发行平台 Steam（主要发行 PC 游戏）。数据显示，Steam 有 1.25 亿注册用户，最高同时在线用户数超过 1 000 万。这是一个相当巨大的用户群。其入侵 VR 领域的气焰也是势不可挡。HTCVive 于 2016 年 2 月接受预定，4 月正式登场。

图 1-11　虚拟现实头盔 HTCVive

从虚拟现实的发展简史不难看出，目前在 VR 硬件上，OculusRift、HTCVive 和 PlayStationVR 形成三足鼎立，代表了 VR 业界的 3 个主要趋势：静态体验，移动体验，主机体验。

在过去的几年时间里，虚拟现实的玩家逐步进场，其中不乏重量级的，如三星的 GearVR、微软的 Hololens，包括国内的联想、百度、腾讯、小米等大牌厂商以直接或间接的模式推出相应的产品或 VR 计划。

第四节　虚拟现实（VR）与增强现实（AR）

美国科学家 Burdea G. 和 Philippe Coiffet 在 1993 年世界电子年会上发表了一篇题为 "Virtual Reality System and Applications"（虚拟现实系统与应用）的文章，该文章首次提出了虚拟现实技术的 3 个特性，即沉浸性、交互性和想象性。这 3 个特性不是孤立存在的，它们之间是相互影响的，每个特性的实现都依赖于另 2 个特性的实现。

一、虚拟现实的本质

正如上面所提及，虚拟现实技术具有的交互性、沉浸性、想象性，使参与者能在虚拟环境中沉浸其中、超越其上、进退自如并自由交互。它强调了人在虚拟系统中的主导作用，即人的感受在整个系统中最重要。因此，交互性和沉浸性这 2 个特征，是虚拟现实与其他相关技术（如三维动画、科学可视化及传统的多媒体图像技术等）本质的区别。简而言之，虚拟现实的本质是人机交互内容和交互方式的革新。

（1）人机交互内容的革新。计算机从最早的数值计算到处理字符串、文本、图像和声音等多媒体信息。在虚拟现实系统中，以多媒体新的"环境"作为计算机处理的对象和人机交互的内容。

（2）人机交互方式的革新。传统计算机通常使用显示器、键盘、鼠标等接口设备进行交互，它们是面向计算机开发的，用户需要学习设备的操作方法。而虚拟现实系统采用的输入 / 输出设备，可使用户利用自己的感觉来感知环境，是专门为用户设计的。

（3）人机交互效果的革新。在虚拟现实系统中，用户通过基于自然的特殊设备进行交互，得到逼真的视觉、听觉、触觉的感知效果，使人产生身临其境的感觉，如同置身于真实世界一样。

"和面对面的交流方式相比，任何其他电子化的交流方式都会显得相形见绌。"Oculus 创始人帕尔默·勒基（Palmer Luckey）表示，"在通过邮件、短信以及电话等方式进行交流时，你总会丧失某些东西。虚拟现实技术除了可以让电子化的交流方式变得更加有效、实用以外，还可以让其更具备人性化的一面。将最好的现实沟通方式与最好的电子化沟通方式进行结合才是虚拟现实的未来，这种沟通方式的成本非常低廉，速度快捷，而且可以更好地反映人与人之间交流的丰富维度。"

二、VR 和 AR 的区别

20 世纪 90 年代初，伴随着虚拟现实（Virtual Reality，VR）技术的发展，增强现实（Augmented Reality，AR）技术应运而生。2016 年 2 月，创业公司 Magic Leap 在新一轮融资中获 7.935 亿美元的投资，阿里巴巴、谷歌都参与了本轮融资。Magic Leap 曾在 2015 年 9 月发布过一段"直接利用 Magic Leap 技术"实现的视频，没有添加任何特效，引起不小的骚动。如今，也有媒体称它们为混合现实（Mix Reality，MR）公司，那么 VR、AR、MR 之间到底有什么区别呢？在了解 MR 之前，先来了解一下 VR 和 AR 之间的区别。

我们从应用场景上来做一个初步的区分。虚拟世界通常包含 2 种情况。一种是完全虚拟的人造世界，如借助可视化技术构造的虚拟风洞，或者在三维动画设计中人工构造的虚拟场景。另一种是真实世界的再现，如文物古迹保护中真实建筑的虚拟重建，这种真实建筑物可能是已经建好的；或者是已经设计好但尚未建成的；也可能是原来完好的，现在被损坏了的。

增强现实（AR）是相对容易被误解的，相比起虚拟现实（VR）来说，它不是单纯被创造出来的，而是 3D 建模、模拟世界，这样纯粹的被创造出来的东西更好理解。所谓现实，就是我们肉眼看得到的、耳朵听得见的、皮肤感知得到的、身处的这个世界。如果广义地说，在现实的基础上利用技术将这个现实增添一层相关的、额外的内容，就可以称为增强现实。

相比 AR，虚拟现实（VR）就好懂多了：一个完全被创造出来的世界。Oculus 首席科学家 Michael Abrash 针对此提出的观点是："这个被模拟出来的世界要能带来与真实世界一样的感受。"这种感受指的是人身体上的感受，这也是与 3D 建模、4D 电影这种形式最大的不同。换言之，虚拟现实是一种封闭式的体验，增强现实则可以让用户看到真实的世界，同时可以看到叠加在现实物体之上的相关信息。从技术实现来看，增强现实技术可以被认定为虚拟现实技术的一个重要的分支或拓展。增强现实系统综合使用了不同研究领域的多种技术，如虚拟现实技术、计算机视觉技术、人工智能技术、可佩戴移动计算机技术、人机交互技术、生物工程技术等。因此，要从技术层面上了解二者的区别，我们需要先了解 VR 技术。

（一）沉浸式虚拟现实

虚拟现实（VR）是完全沉浸式的。沉浸式虚拟现实系统提供了一个完全沉浸的体验，使用户有一种仿佛置身于真实世界之中的感觉，是一种高级的、较理想的虚拟现实系统。简单来讲，就是让用户完全沉浸到计算机生成的虚拟世界中，用户会感觉置身于一个 360 度的游戏或电影中。

它通常采用洞穴式立体显示装置（CAVE 系统）或者头盔式显示器（HMD）等设备，首先把用户的视觉、听觉和其他感觉封闭起来，并提供一个新的、虚拟的感觉空间，利用三维鼠标、数据手套、空间位置跟踪器等输入设备和视觉、听觉等设备，使用户产生一种身临其境、完全投入其中的感觉。

沉浸式虚拟现实（VR）系统具有以下 5 个特点。

（1）高度沉浸感。沉浸式虚拟现实系统采用多种输入输出设备从视觉、听觉甚至于触觉、嗅觉等各方面来模拟，营造一个虚拟的世界，并使用户与真实世界隔离，不受外面真实世界的影响，沉浸于虚拟世界之中。

（2）高度实时性与交互性。在沉浸式虚拟现实系统中，要达到与真实世界相同的感受，必须具有高度实时的性能，否则会产生很强的眩晕感。以前有人看 3D 电影会产生眩晕，主要是实时性和交互性还无法匹配人的大脑的交互习惯，现在 3D 电影拍摄和制作的技术已经相当成熟了，尤其在交互性上基本上和 2D 的一致了，因此大家看 3D 电影不再有眩晕的感觉了。虚拟现实也将经历这样一个阶段。

（3）良好的系统集成度和整合性能。为了使用户产生全方位的沉浸，就必须多种设备与多种相关的软件相互作用，且相互之间不能有影响，所以系统必须有良好的兼容与整合性能。

（4）良好的开放性。虚拟现实技术之所以发展迅速，是因为它采用了其他现实技术的成果。在沉浸式虚拟现实系统中，要尽可能地利用最先进的硬件设备与软件技术，这就要求虚拟现实系统能方便地改进硬件设备与软件技术。因此，必须用比以往更灵活的方式构造虚拟现实系统的软、硬件结构体系。

（5）支持多种输入输出设备并行工作。为了实现沉浸性，可能需要多个设备综合应用，如用手拿一个物体，就必须数据手套、空间位置跟踪器等设备同步工作。所以，支持多种输入输出设备的并行处理是实现虚拟现实系统的一项必备技术。外设部分的发展与丰富，也是影响虚拟现实普及的重要因素。

（二）增强式虚拟现实

增强现实技术，是一种实时地计算摄影机影像的位置及角度，加上相应图像的技术。这种技术可以通过全息投影，在镜片的显示屏中把虚拟世界叠加在现实世界，操作者可以通过设备进行互动。增强现实（AR）是虚拟与现实的连接入口，与 Oculus 等设备主张的虚拟世界沉浸不同，AR 注重虚拟与现实的连接，是为了达到更震撼的现实增强体验。AR 的定义很广泛，技术种类众多，目前主流的 AR 是指通过设备识别判断（二维、三维、GPS、体感、面部等识别物）将虚拟信息叠加在以识别物为基准的某个位置，并显示在设备屏幕上，可实时交互虚拟信息。总结起来即识别、虚实结合、实时交互。

增强式虚拟现实不仅是利用虚拟现实技术来模拟现实世界、仿真现实世界，而且是要利用它来增强参与者对真实环境的感受。也就是增强在现实中无法或者不方便获得的感受。增强现实是虚拟现实与真实世界之间的沟壑上架起的一座桥梁。因此，增强现实的应用潜力是相当巨大的。例如，可以叠加在周围环境上的图形信息和文字信息，以指导操作者对设备进行操作、维护或是修理，而不需要操作者去查阅手册，甚至不需要操作者有工作经验；既可以利用增强式虚拟现实系统的虚实结合技术进行辅助教学，同时增进学生的理性认识和感性认识，也可以使用增强式虚拟现实系统进行高度专业化的训练等。

增强式虚拟现实系统主要具有以下 3 个特点。

（1）真实世界和虚拟世界融为一体。

（2）具有实时人机交互功能。

（3）真实世界和虚拟世界是在三维空间中整合的。

三、VR 和 AR 的发展与市场前景

不管是从用户还是从行业来看，虚拟现实技术的发展空间很大，这是毋庸置疑的。不管是国内（蚁视、暴风魔镜、乐相大朋），还是国外（Oculus、索尼、三星）企业，各大企业都早已对 VR 领域展开布局，大朋、蚁视以及 Gear VR 消费者版已经正式开售，Oculus、索尼、HTC 等其他产品都陆续在 2016 年面世。以 Oculus 20 亿美元被收购为导火索，硅谷虚拟现实技术企业 Jaunt 获得 6 500 万美元融资，灵境 VR 获得千万级 Pre-A 融资，诸多的动作都使 2016 年被认为是 VR 元年。当 Oculus、HTC 和 Sony 围绕 VR（虚拟现实）头显谁做得更好而暗中较劲、其他初创公司和开发者绞尽脑汁"催熟"VR 这骤然火爆起来的产业时，微软却特立独行地直接跳到了 AR（增强现实）领域。尽管它从来没有在公开场合鄙视过 VR，但是它用"不理睬"的傲慢态度表明了它看不上 VR 的事实。

增强现实（AR）与 VR 不同之处在于 Hololens 和 Meta 等展现给用户的并非是虚拟世界，而是一款增强现实显示器。根据 Digi-Capital 预测，到 2020 年 VR 和 AR 将共计达到 1 500

亿美元总收入，其中 1 200 亿美元来自增强现实，主要包括硬件（份额最大）、商务、数据语音服务以及影视和主题公园等；另外 300 亿美元来自虚拟现实（VR），主要包括游戏与硬件。Manatt Digital Media 的 CEO 曾表示，增强现实才是通向大众市场的途径，虚拟现实市场归属则为小游戏市场。

除了视频游戏领域理所应当地在使用 AR 和 VR，Hollywood 和 Madison Avenue 也越来越热衷于为消费者提供相关内容。迪士尼投资了一家 VR 内容提供商 Jaunt；卢卡斯影业开设了一个内部工作室，致力于为其独家电影制作 VR 内容，如《星际大战》。

在广告行业，Nike、Ferrari 等品牌已经开始利用 VR 帮助它们销售产品。它们借助于低价的 VR 技术，如需搭载智能手机的 Google Cardboard 和 View Master VR 来吸引客户。其他行业也看到了 AR/VR 内容的优势。例如，房地产网站 Redfin 最近开始在旧金山和西雅图为顾客提供虚拟房地产之旅，当用户想要购买房产时，只需佩戴上三星 Gear VR 设备就可以真的感觉就在房间中，无需为看房而奔波。

Manatt 的报告表明，AR 市场中，大约 400 亿美元的收入主要来自硬件。很多人仍期待 Google 重新启动 AR 先锋产品谷歌眼镜。尽管谷歌眼镜没有大获全胜，但谷歌与多家科技公司对位于佛罗里达的 AR 公司 Magic Leap 投入了 5.42 亿美元，充分展示了该公司将 AR 进行到底的决心。Meta 创立于 2012 年，初代产品 Meta Glass 曾被誉为超越 Google Glass 的 AR 眼镜，2013 年这款产品在 Kickstarter 上众筹，筹到了 19 万美元，是原定目标的 2 倍。根据该项目的介绍，在实验室闭关研究了 2 年后，Meta 团队终于写出了适合 3D 的闭塞算法，以实现现实世界和虚拟世界的实时匹配。Meta 宣布完成 2 300 万美元 A 轮融资。而微软则推出了 Hololens，据称该设备兼具了 AR 及 VR 硬件技术的优势（微软更倾向于混合现实 MR），谷歌通过投资 Magic Leap，也跟微软手牵手站在了同一战线。

据 Digi-Capital 报告称，AR 市场其余 800 亿美元的收入来自各种应用，从电影到主题公园，也包括工业培训、教育、军事和社交领域。与此同时，VR 市场 300 亿美元的收入则主要来自游戏，其次是影视、主题公园及硬件等。

Csathy 提到，充分利用 AR 和 VR 的方法还在继续探索之中。他以受联合国委托拍摄的 VR 电影《锡德拉湾上空的云》为例，谈道："这在沉浸式新闻报道中将有很大的发展，你不仅只是阅读故事，你可以成为故事中的一员。"《锡德拉湾上空的云》是第一部以 VR 实景技术表现难民营生活的短片。

VR 的方向必定是与 AR 技术相碰撞产生出更优秀的交互方式，事实上，还真有人把 VR 设备拿去干 AR 设备干的事，一群黑客使用 Oculus DK2 和 Dragonfly 传感器来完成现实增强的体验，展示了 VR 虚拟现实设备在 AR 现实增强上的应用可能性。

他们实现了在现实的场景中模拟一个浮动菜单，里面可以实现查看日历、邮箱、打电话、聊天和看视频等功能，看到自己的手在视线中挥动。只是通过这种办法得到的 AR 画面其实是稍逊于真正的 AR 设备的，但由于是临时拼凑出来的头戴显示器，效果不尽如人意也是可以体谅的。联系最近 2 年 Oculus 收购的几家公司来看，现在的 Oculus 确实是想要做 Hololens 能够做到的事。

所以，手势操控只是第一步，VR技术最终的发展形态必定是把AR技术也吸纳到自己体内。AR和VR各有优势和缺点，也许两种技术融为一体才是未来沉浸式娱乐体验的完全体。

第五节　混合现实（MR）与未知变量扩展现实（XR）

混合现实（Mix reality，MR），即包括增强现实和增强虚拟，指的是合并现实和虚拟世界而产生的新的可视化环境。在新的可视化环境里，物理和数字对象共存，并实时互动。简而言之，MR=VR+AR=真实世界+虚拟世界+数字化信息，如图1-12所示。

图1-12　混合现实应用示意图

虚拟现实往往用洞穴式（CAVE）或者头盔（HMD）系统产生与现实环境隔绝的效果，而MR中往往采用其他的技术达到这个效果，如视网膜投射技术。因此，很多人认为MR技术更倾向于AR技术的增强。长远来说，MR将会成为虚拟现实技术发展的终极目标，只是目前的技术难度较大，成熟期将会来得更晚一些。VR和AR行业覆盖了硬件、系统、平台、开发工具、应用以及消费内容等诸多方面。作为一个还未成熟的产业，VR和AR的产业链均比较单薄，参与厂商（尤其是内容提供商）比较少，投入的力度不是太大，核心内容生产工具面临较大的研发制作"瓶颈"，如360度全景拍摄像机，市面上的产品屈指可数。

XR（X现实），是指包括结合数字和生物现实的技术指导的体验。它包括广泛的硬件和软件以及感官界面、应用程序和基础设施。可以实现VR/AR/MR及CR（电影现实）等内容的创作。借助XR，用户可将数字世界对象引入物理世界并将物理世界对象引入数字世界，从而产生新的现实形式。

"XR"是一个具有包容性和灵活性的术语，其中"X"代表一个未知的变量。XR技术几乎可以应用于每一个领域，如建筑、汽车工业、体育训练、房地产、心理健康、医药、保健、零售、设计、教育、新闻、音乐和旅游等。

在 2017 年的游戏开发者大会（GDC）上，Unity 发布了 XR Foundation Toolkit（XRFT），该软件被定义为 XR 开发人员的框架，同时允许任何人投身到 XR 开发中。在大会开幕式主题演讲中，Unity 的 XR 研究人员透露："Unity 即将推出的 XRFT 将在近期准备就绪。"

XR 有一个比较大的特征是，将会摆脱线控，很有可能实现从 PC 端到移动端的跨越，这意味着存在着利用 XR 酝酿下一个移动终端变革的可能性。另外，这很可能是未来这一项技术得到普及的关键，不过也正是 XR 的这种可能性，使其对性能要求更高，需要更低的功耗、更小的尺寸、更强的扩展性。

第二章　虚拟现实中的计算技术研究

第一节　GPU 并行计算技术

图形处理单元（Graphic Processing Unit，GPU），即图形处理器或图形处理单元，是计算机显卡上的处理器，在显卡中地位正如 CPU（Central Processing Unit）在计算机架构中的地位，是显卡的计算核心。GPU 由 NVIDIA 公司于 1999 年首次提出。GPU 本质是一个专门应用于 3D 或 2D 图形图像渲染及其相关运算的微型处理器，但由于其高度并行的计算特性，使它在计算机图形处理方面表现出的地位，是显卡的计算核心。GPU 由 NVIDIA 公司于 1999 年首次提出。GPU 本质是一个专门应用于 3D 或 2D 图形图像渲染及其相关运算的微型处理器，但由于其高度并行的计算特性，使它在计算机图形处理方面表现优异。

一、GPU 概述

GPU 最初主要用于图形渲染，而一般的数据计算则交给 CPU。图形渲染的高度并行性使 GPU 可以通过增加并行处理单元和存储器控制单元的方式提高处理能力和存储器带宽。GPU 将更多的晶体管用作执行单元，而不是像 CPU 那样用作复杂的控制单元和缓存，并以此来提高少量执行单元的执行效率。这意味着 GPU 的性能可以很容易提高。

20 世纪 90 年代开始，GPU 的性能不断提高，GPU 已经不再局限于 3D 图形处理了，GPU 通用计算技术发展已经引起业界不少的关注，事实也证明在浮点运算、并行计算等部分计算方面，GPU 可以提供数倍乃至数十倍于 CPU 的性能。将 GPU 用于图形图像渲染以外领域的计算称为基于 GPU 的通用计算（General Purpose on GPU，通用计算图形处理器），它一般采用 CPU 与 GPU 配合工作的模式，CPU 负责执行复杂的逻辑处理和事务管理等不适合并行处理的计算，而 GPU 负责计算量大、复杂程度高的大规模数据并行计算任务。这种特殊的异构模式不仅利用了 GPU 强大的处理能力和高带宽，同时弥补了 CPU 在计算方面的性能不足，最大限度地发掘了计算机的计算潜力，提高了整体计算速度和效率，节约了成本和资源。

2009 年，ATI（AMD）发布的高端显卡 HD5870 已经集成了 2.7TFlops 的运算能力，这相当于 177 台深蓝超级计算机节点的计算能力。因此，利用 GPU 的强大计算能力进行通用计算（General-Purpose computation on Graphics Processing Units，GPGPU）成为近年来 GPU 的发展趋势。经过几大显卡生产厂商（NVIDIA、AMD/ATI，Intel 等）对硬件架构和软件模型的改进，GPU 的可编程能力不断增强。

二、CUDA 架构

CUDA（Compute Unified Device Architecture），是显卡厂商 NVIDIA 推出的通用并行计算架构，该架构使 GPU 能够解决复杂的计算问题。它包含了 CUDA 指令集架构 OSA 以及 GPU 内部的并行计算引擎。开发人员现在可以使用高级语言基于 CUDA 架构来编写程序。利用 CUDA 能够充分地将 GPU 的高计算能力开发出来，并使 GPU 的计算能力获得更多的应用。

不同于以前将计算任务分配到顶点着色器和像素着色器，CUDA 架构包含一个统一的着色器管线（Pipeline），允许执行通用计算任务的程序配置芯片上的每一个算术逻辑单元（Arithmetic Logic Unit.ALU）。所有 ALU 的运算均遵守 IEEE 对单精度浮点数运算的要求，而且还使用了适于进行通用计算而不是仅用于图形计算的指令集。此外，对于存储器也进行了特殊设计。这一切设计都让 CUDA 编程变得比较容易。目前，CUDA 架构除了可以使用 C 语言进行开发之外，还可以使用 FORTRAN、Python、c++ 等语言。CUDA 开发工具兼容传统的 c/c++ 编译器，GPU 代码和 CPU 的通用代码可以混合在一起使用。熟悉 C 语言等通用程序语言的开发者可以很容易地转向 CUDA 程序的开发。

第二节　基于 PC 集群的并行渲染

集群（Cluster）系统是互相连接的多个独立计算机的集合，这些计算机可以是单机或多处理器系统（PC、工作站或 SMP），每个结点都有自己的存储器、I/O 设备和操作系统，如图 2-1 所示。机群对用户和应用来说是一个单一的系统，它可以提供低价高效的高性能环境和快速可靠的服务。随着 PC 系统上图形卡渲染能力的提高和千兆网络的出现，建立在通过高速网络连接的 PC 工作站集群上的并行渲染系统，具有良好的性价比和更好的可扩展性，得到越来越广泛的应用。

该类虚拟现实系统存在一台或多台中心控制计算机（主控节点），每个主控节点控制若干台工作节点（从节点）。由中心控制计算机根据负载平衡策略向不同的工作节点分发任务，同时控制计算机也要接收由各个工作节点产生的计算结果，综合为最终的计算，如图 2-2 所示。集群系统通过高速网络连接单机计算机，统一调度、协调处理，发挥整体计算能力，其成本大大低于传统的超级计算机。

图 2-1　PC 集群机

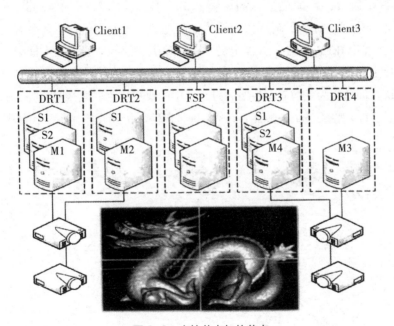

图 2-2　主控节点与从节点

第三节　基于网络技术的虚拟现实系统

基于网络计算的虚拟现实系统，充分利用广域网络上的各种计算资源、数据资源、存储资源以及仪器设备等资源来构建大规模的虚拟环境，仿真网格是其中有代表性的工作之一。仿真网格是分布式仿真与网格计算技术相结合的产物，其目的是充分利用广域网络上的各种计算资源、数据资源、存储资源以及仪器设备等资源，来构建大规模的虚拟环境、开展仿真应用。

一、分布式仿真与仿真网格

分布交互仿真技术已成功地应用于工业、农业、商业、教育、军事、交通、社会、经济、医学、生命、娱乐、生活服务等众多领域，正成为继理论研究和实验研究之后的第三类认识、改造客观世界的重要手段。该技术的发展已经历了 SIMNET（Simulation Network）DIS 协议（Distribution Interactive Simulation），ALSP 协议（Aggregate Level Simulation Protocol）等 3 个阶段，目前已进入高层体系结构 HLA（High Level Architecture）研究阶段。HLA 技术的发展，得到了国际仿真界的普遍遵循，成为建模与仿真事实上的标准，并于 2000 年正式成为 IEEE 标准。HLA 定义了建模和仿真的一个通用技术框架，目的是解决仿真应用程序之间的可重用和互操作问题。HLA 把为实现特定仿真目标而组织到一起的仿真应用和支持软件总称为联盟（Federation），其中的成员称为联盟成员（Federate）或盟员，盟员之间通过 RTI（Run Time Infrastructure）进行通信，仿真联盟体系结构如图 2-3 所示。

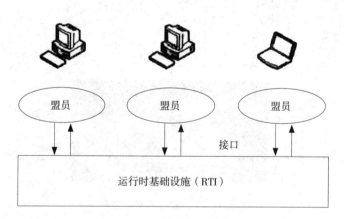

图 2-3　HLA 仿真联盟体系结构

基于 HLA，可以在广泛分布的大量结点上构建大规模的分布式仿真系统，重点应用领域包括军事指挥与训练等，其中尤以美军所进行的一系列大规模军事仿真为国际仿真界所瞩目。出现了如美国海军研究院的 NPSNET 和英国 Nottingham 大学的 AVIARY 这样的开发平台。在应用系统方面，美国先后完成了作战兵力战术训练系统 BFTTS

（Battle Force Tactical Training System）和面向高级概念技术演示的战争综合演练场 STOW（SyntheticTheaterofWar）的研制，目前虚拟战场系统正朝着支持多兵种联合训练仿真方向发展。

随着基于 HLA/RTI 的分布交互仿真在国民经济建设、国防安全和文化教育等领域的广泛应用，在取得一定经济社会效益的同时，其本身也呈现出一些问题。在过去的几年里，能对不同管理域内的分布式资源进行有效管理的网格技术发展成为研究热点，一些研究机构试图基于网格技术实现虚拟现实系统。网格技术也为基于虚拟现实的分布交互仿真注入了新的活力。许多学者正在探索在 HLA 仿真中结合网格技术，以解决目前 HLA 仿真中的一些不足。兰德公司（RAND Corporation）在 2003 年向 DMSO 提交的长达 173 页的报告中指出：美国国防部应当对目前的 HLA/RTI 进行多种功能的扩展，但是这种扩展不应局限于 HLA/RTI 的范围内做一些修修补补的工作，而应根据商业市场的发展趋势，如 WebServices，重新调整 HLA/RTI 的方向。融合 WebServices 和网格计算技术的仿真网格成为建模与仿真领域的重要研究内容。

二、仿真网格应用模式

目前，由于基于 HLA 的分布式仿真在建模与仿真领域已取得了巨大成功，仿真网格应用模式的研究大多是将 HLA 与网格结合，以期望进一步增强 I-ILA 仿真系统的资源、管理功能。网格的本质是服务，在网格中所有的资源都以服务的形式存在。HLA 与网格的结合就是分布式仿真系统中各种资源的服务化以及通信过程的服务化。作为欧洲 CrossGrid 计划的一部分，KatarzynaZajac 等将分布式仿真从 HLA 向网格的过渡从粒度上分为 3 个层次，分别称为 RTI 层迁移、联盟层迁移和盟员层迁移，如图 2-4 所示。

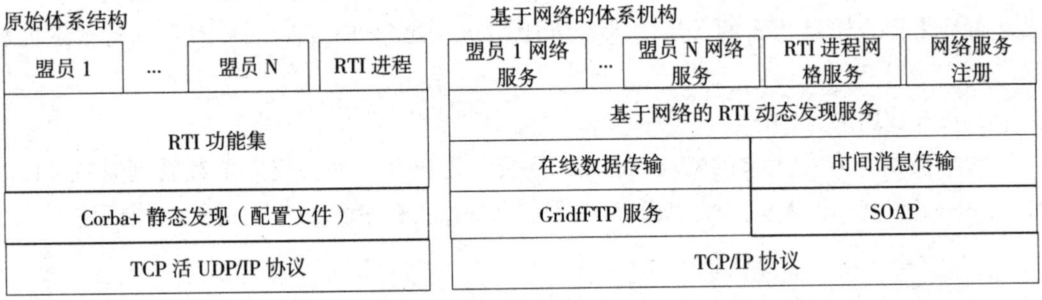

原始体系结构			
盟员 1	...	盟员 N	RTI 进程
RTI 功能集			
Corba+ 静态发现（配置文件）			
TCP 活 UDP/IP 协议			

基于网络的体系机构			
盟员 1 网络服务	...	盟员 N 网络服务	RTI 进程网格服务	网络服务注册
基于网络的 RTI 动态发现服务			
在线数据传输		时间消息传输	
GridfFTP 服务		SOAP	
TCP/IP 协议			

图 2-4　基于 HLA 的仿真的服务化

图 2-4 中，RTI 层迁移的粒度最粗，其初衷是更方便地发现 HL 的 RTI 控制进 RTIExec。RTI 层迁移运用网格的 RegistryService 来解决 RTI 控制进程的发现，能够带来一定的灵活性和方便性。联盟层迁移则是在 RTIExec 信息通过网格服务发布后利用网格核心服务传输盟员数据，并扩展 Globus 的 GridFTP 和 Globus1/0 接口以与 RTT 进行通信。盟员层迁移的资源服务化程度最高，它采用网格技术实现 HLA 通信，RTI 阵也被封装在 RTIExec 服务中。

Katarzyna 等 3 个层次迁移的设想给 HLA 与网格的结合提供了思路。然而，仅进行 RTI 层的迁移实际意义并不大。目前，大量的相关工作可以分为 2 类：①利用网格技术对分布式仿真进行辅助支持；②借鉴 HLA 的某些思想，将包括盟员间通信过程的仿真资源网格服务化，来实现基于网格的分布式仿真。

（一）网格支持的分布式仿真

随着仿真规模和复杂性的增加，计算机仿真往往需要询问分布在各地的大量计算资源和数据资源。20 世纪 90 年代中期出现的基于 Web 的仿真，致力于提供统一的协作建模环境、提高模型的分发效率和共享程度，缺乏动态资源管理能力，并且由于开发出的模型没有组件化和标准化，互操作和重用性也存在不同程度的问题。基于 HLA 的分布式仿真在技术层面上解决了互操作和重用性问题，而网格作为下一代基础设施，能对广域分布的计算资源、数据资源、存储资源甚至仪器设备进行统一的管理。因此，许多学者尝试将二者进行结合，利用网格技术对分布式仿真进行辅助支持。

1. SF Express 项目

在 DARPA（Defense Advanced Research Projects Agency）资助下，加利福尼亚学院进行了 SF Express 战争模拟，利用网格来改进其提出的 ModSAF 仿真。在该项目中，ModSAF 的每个进程可在不同的处理器上运行，Globus 通过资源管理和信息服务自动进行仿真初始化配置，加强了系统的灵活性，仿真规模也达到了 5 万个以上战斗实体。然而，SF Express 仅是利用网格进行仿真前的计算资源的自动配置，在仿真过程中并不能共享资源。同时，SF Express 是基于 DIS 协议的，使用的是超级计算机，最大仅 13 台并行计算机。而现代基于 HLA 的分布式仿真一般是数十乃至数百台 PC 主机，动态管理的复杂度大为增加，通信的效率和可靠性、稳定性无法和超级计算机的共享内存方式相比，但分布式仿真可扩展性强，而且更切合军事仿真的发展需求。结合 Globus 的 SF Express 并没有得到持续发展和推广。

2. 负载管理系统 LMS

新加坡南洋科技大学的 Wentong Cai 教授等提出基于网格建立负载管理系统（Load Management System，LMS），为基于 HLA 的仿真提供负载均衡服务，如图 2-5 所示。

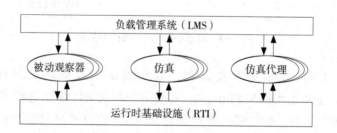

图 2-5　负载管理系统 LMS

图 2-5 中，LMS 利用网格进行仿真应用的负载管理，由 Globus 进行连接认证、资源发

现和任务分配，RTI 仍然提供盟员之间的数据传输，其传输效率不受影响。然而，在普通的 HLA 分布式仿真应用中，系统消耗的主要瓶颈在于消息数量大，而单个消息处理计算量小。因此，负载管理对仿真应用的作用需要在特定的仿真应用中才能体现出优势，需要在进一步的应用实践中进行研究。

3. 面向 HLA 仿真的网格管理系统

KatarzynaZajc 等提出了面向 HLA 仿真的网格管理系统，为广域网上的 HLA 仿真提供辅助功能，如图 2-6 所示。

图 2-6 中，面向 HLA 仿真的网格管理系统主要是为盟员迁移而设计的，也包括仿真服务的发现、信息服务以及组建仿真联盟的工作流服务等。盟员和 RTI 通过标准的 HLA 接口进行通信，为此需要开放预先定义的端口。

（二）网格服务化的分布式仿真

如上所述，一些学者利用网格来增强 HLA 标准的功能。也有一些学者致力于将 HLA 改造为模型驱动（Model-driven）、可组装的，甚至计划将整个仿真联盟完全网格服务化以取代 HLA，作为下一代建模与仿真的标准。

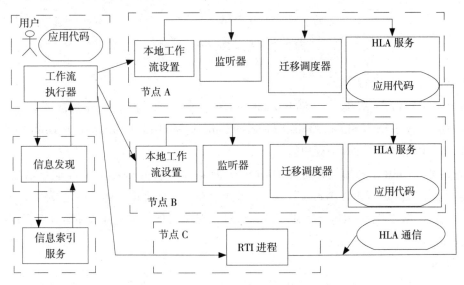

图 2-6　面向 HLA 仿真的网格管理系统

1. HLAGrid

为了将 HLA 的互操作性和重用性规则应用于网格环境构建仿真联盟，Yong Xie 等提出了 HLA Grid 框架，如图 2-7 所示。

图 2-7 中，系统采用"盟员——代理——RTI"的体系结构，RTIExec 和 FedExec 在远程资源上运行，本地运行的盟员通过支持网格的 HLA 接口将标准的 HLA 接口数据转换为网格调用，然后以网格调用的形式与远程的代理通信。HLAGrid 以网格服务数据单元的形式提供 RTI 服务的内部数据，其他网格服务能够以 pull 或 push 的方式对此进行访问，具有

平台无关性。此外，该框架还包括 RTI 的创建、联盟发现等服务。然而，HLAGrid 的网格服务调用通信比现有的 HLA 通信具有更大的开销，只能用于粗粒度的仿真应用。

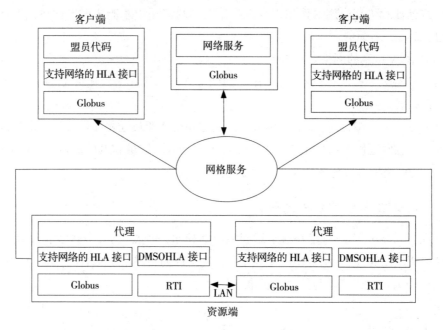

图 2-7　HLA Grid 体系结构

2. Web-EnabledRTI

KatherineL.Morse 等提出了 Web-EnabledRTI 体系结构。基于 Web 的盟员能通过基于 Web 的通信协议 SOAP（Simple Object Access Protocol）和 BEEP（BlocksExtensibleExchangeProtocol）与 DMSO/SAICRTI 进行通信。

Web-EnabledRTI 的短期目标是 HLA 盟员能通过 WebServices 与 RTI 进行通信，长期目标是盟员能在广域网上以 WebServices 的形式存在，并允许用户通过浏览器组建一个仿真联盟。基于 Web-EnabledRTI 已实现了联盟管理、对象管理、声明管理和所有极管理的所有 RTI 大使服务。

3. IDSim

J.B.Fitzgibbons 等基于 OGSI 提出了 IDSim 分布交互仿真框架，如图 2-8 所示。

图 2-8 中，IDSim 使用 Globus 的网格服务数据单元表示仿真状态，由 IDSirn 服务器负责数据分发，盟员作为客户端以 pull 或 push 的方式访问 IDSim 服务器获取或更新状态变化。IDSim 还通过支持继承、提供定制工具的方式减少仿真任务集成和部署的复杂性。由于 IDSim 服务器负责管理整个联盟的状态信息、提供所有仿真相关的服务，并且各个盟员之间也通过 IDSim 服务器进行交互，当仿真规模较大时，IDSim 服务器很可能成为系统瓶颈。

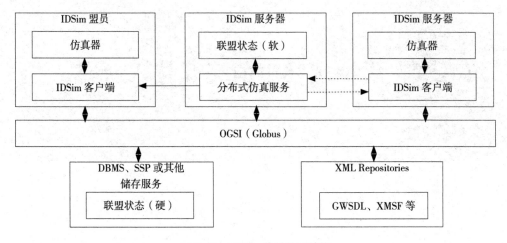

图 2-8　IDSim 软件体系结构

4. 可扩展的建模与仿真架构

美国国防部对可扩展的建模与仿真架构（Extensible Modeling and Simulation Framework.XMSF）给予了大力支持。XMSF 的目标是建立一个基于 Web 技术和 Webservices 的新一代广域网建模与仿真标准。XMSF 提倡应用对象管理组织（Object Management Group.OMG）的模型驱动架构（Model Driven Architecture，MDA）技术，来促进所开发的分布式组件的互操作性。MDA 方法保证了使用共同的方法描述组件并以一致的方法将不同组件进行组合。

第三章　虚拟现实中的交互技术研究

第一节　3D 显示技术

对很多初次接触虚拟现实的用户来说，第一印象就是目前还稍显笨重的头戴显示设备。从某种意义上来说，头戴显示设备是虚拟现实的核心设备之一，同时也是虚拟现实系统实现沉浸交互的主要方式之一。不管是 Oculus Rift，HTC Vive 或 Sony Playstation VR 这样的基于电脑和游戏主机的头戴设备，还是需要配合智能手机使用的 Samsung Gear VR 类型产品，或是 Android 一体机，头戴设备所用到的立体高清显示技术都是最关键的一项技术。

立体显示技术是以人眼的立体视觉原理为依据的。因此，研究人眼的立体视觉机制，掌握立体视觉的规律，对设计立体显示系统是十分必要的。如果想要在虚拟的世界中看到立体的效果，就需要知道人眼立体视觉产生的原理，然后再用一定的技术通过显示设备还原立体三维效果。

那么人眼是如何产生立体视觉的呢？早在 1838 年，英国的著名科学家温特斯顿就在思考一个问题，"为什么人类观察到的世界是立体的？"经过一系列的研究后，他发现原因很简单，每个人都长着两只眼睛。人的双眼之间相隔 58~72 毫米，在观察物体时，两只眼睛所观测的位置和角度都存在一定的差异，因此每只眼睛所观察到的图像都有所区别。和眼睛相隔不同距离的物体在双眼上所投射的图像在其水平位置上会有差异，这就形成了所谓的视网膜像差，或是所谓的双眼视差（图 3-1）。用两只眼睛同时观察一个物体时，物体上的每个点对两只眼睛都存在一个张角。物体离双眼越近，其上的每个点对双眼的张角就越大，所形成的双眼视差也越大。当然，人的大脑还需要根据这种图像差异来判断物体的空间位置关系，从而使人产生立体视觉。

图 3-1 人的双眼视差原理

双眼视差可以让我们区分物体的远近，并获得深度的立体感。对于离我们过于遥远的物体，因为双眼的视线几乎平行，视差偏移接近于零，所以就很难判断物体的距离，更不可能产生立体感觉了。一个典型的例子就是当我们仰望星空时，会感觉天上所有的星星似乎都在同一个球面上，不分远近，这就是双眼视差为零造成的结果。

人类需要通过双眼来观察世界才能获得立体感，那么在虚拟现实系统中，如何通过头戴式显示设备来还原立体三维的显示效果呢？目前，一般采用以下几种方式来重现立体三维图像效果。

一、偏振光分光 3D 显示（Polarized 3D）

偏振光是一个光学名词，考虑到本书并不是一本光学教材，这里就不讲述光作为电磁波的偏振特性了。简单一句话来描述，这种技术的原理是使用偏振光滤镜或偏振光片来过滤掉特定角度偏振光以外的所有光，让 0 度的偏振光只进入右眼，90 度的偏振光只进入左眼。两种偏振光分别搭载两套画面，观众观看的时候需要佩戴专用的眼镜，而眼镜的镜片则由偏振光滤镜或偏振光片制作，从而完成第二次过滤。

除了极客和研究者，相信大家对光学原理不一定有兴趣，还是让我们一起来看看偏振光分光 3D 显示技术的发展历程，还有实际的应用场景吧。

偏振光分光 3D 显示技术最早要追溯到 1890 年，彼时正是清代末期，光绪十六年。那一年，美国天文学家帕西瓦尔·罗威尔通过望远镜观测到火星表面的"人工运河"，年仅 22 岁的霍元甲刚刚在与河南籍武林高手杜某的比武中初露锋芒，百年老牌光学企业卡尔·蔡司也在这一年开始了光辉的光学镜头制造史。就在这一年，基于偏振光原理的 3D 投影设备被发明，当时使用的是尼科尔棱镜。

不过直到 Edwin Land 发明了偏振塑料片之后，偏振光 3D 眼镜才有了用武之地。1934 年，Edwin 首次使用这种技术投影并观看三维图像。1936 年 12 月，纽约科学与工业展览博物馆使用该技术向普通大众播放了三维电影 "*Polaroid on Parade*"。在 1939 年的纽约世博会上，克莱斯勒公司使用该技术每天向数以万计的观众播放一部短的三维电影，当时使用的观影设备是一个免费的手持纸板眼镜。当然，这个年代的 3D 电影大多是黑白的。

1952 年，首部彩色 3D 好莱坞大片《非洲历险记》上映，一时间掀起了大众对于 3D 显示技术的热潮。知名的《生活》杂志曾将一名佩戴了 3D 眼镜的观众的照片作为封面。从 20 世纪 70 年代开始，部分旧年代的 3D 电影再次播放，不过此时已经不再需要特殊的投影装置了。

在拍摄时，以人眼观察景物的方法，利用两台并列安置的电影摄像机，分别代表人的左右眼，同步拍摄出两路略带视差的电影画面。而在放映时，将两路影片分别装入两个电影放映机，并在放映镜头前装置 2 个偏振轴互成 90° 的偏振镜。两台放映机需要同步播放，同时将画面投放在金属银幕上。

偏振光分光 3D 显示技术又分为线偏振光分光技术和圆偏振光分光技术 2 种。在 20 世纪 80 年代以前，以线偏振光分光技术为主，而此后圆偏振光分光技术开始成为主流。在使用线偏振眼镜观看立体电影时，眼镜必须始终处于水平状态。如果稍有偏转，左右眼就会看到明显的重影。而圆偏振光眼镜就不存在这样的问题，它的通光特性和阻光特性基本不受旋转角度的影响。

进入 21 世纪以后，纸盒眼镜已经很少见了，塑料眼镜成为主流，而且基本上包含在电影票里面。随着计算机动画技术的进步和数字投影技术的发展，还有 IMAX 70 毫米影片投影机的使用，新一波偏振 3D 影片的浪潮再次袭来。早年间观看偏振 3D 影片是一个奢侈的体验，最近几年内已经在各大电影院中得到了普及，当年的王谢堂前燕如今已经飞入寻常百姓家了。

二、图像分色立体显示（Anaglyph 3D）

说起图像分色技术，其实很多人并不陌生。很多人都会记得小时候就曾在老师或父母的带领下去观看所谓的立体电影。进入电影院之前，每个人都会发一副眼镜，而且是红色和蓝色的眼镜。据说也有红色和绿色的眼镜，甚至还有黄色和蓝色的眼镜，但都是同一种原理。很多人都见过这种红蓝眼镜，它的镜框和眼镜架的材料通常都是纸做的，镜片也不过是一红一蓝两张塑料制作的透明镜片，相比偏振眼镜来说成本低廉。

在使用分色技术制作影像时，会将不同视角上拍摄的影像以两种不同的颜色（通常是蓝色和红色）保存在同一幅画面中。在播放影像时，观众需要佩戴红蓝眼镜，每只眼睛都只能看到特定颜色的图像。因为不同颜色图像的拍摄位置有所差异，因此双眼在将所看到的图像传递给大脑后，大脑会自动接收比较真实的画面，而放弃昏暗模糊的画面，并根据色差和位移产生立体感与深度距离感。

分色眼镜的好处是观看立体影像非常方便，在任何显示器上都可以观看，甚至是打印的分色照片都可以观看。当然，这种简单的分色滤光方案缺点非常明显，因为偏色会让 3D 效果大打折扣，而且如果立体位移较大，人脑就无法自动合成两幅偏色的画面。

三、杜比图像分色（Dolby 3D）

使用偏振原理的立体显示技术效果最好，也就是所谓的 IMAX 3D（线偏振）或者 ReaID（圆偏振），但是在普通的家庭影院或者电脑显示器上实现的难度很大。除非使用两台加装了偏振镜头的投影仪和两路使用不同角度拍摄的影像，还要配合专业的播放设备和同步装置，显然如此复杂的装备和高昂的成本不是每个普通大众可以承受的。

使用分色滤光原理的立体显示技术成本低廉，也可以在任何显示设备上实现，但是偏色效果严重，而且立体效果也不尽如人意。随着数字影像技术的发展，传统的分色技术被所谓的杜比图像分色技术（Dolby 3D）所替代。实际上，在中国内地的影院中，目前绝大多数的 3D 电影都采用杜比 3D 显示技术。虽然比起 IMAX 3D 还存在一定的差异，但是效果已经非常好了。当然，对于音乐发烧友来说，提到杜比 3D 可能首先想到的是立体环绕声，而我们这里则只关注立体显示技术。

杜比 3D 技术需要使用专用的数字投影机来播放 2D 和 3D 影片，在投影机的内部放置了一个快速转动的滤光轮，其中包含了另外一组红色、绿色和蓝色的滤光片。这组滤光片可以产生和原始滤光片一样的色域，但同时会让光线以不同的波长传播，分别包含了左右眼的影像内容。当观众佩戴了带有二向色滤光片的分色眼镜后，可以过滤掉其中特定波长的光线，从而让两只眼睛看到不同的画面。通过这种方式，单个投影机就可以同时播放两种不同的画面。其实杜比 3D 眼镜比 ReaID Cinema 系统的圆偏振眼镜更贵，但好处是杜比 3D 影像可以在传统的荧幕上播放。甚至有人认为杜比 3D 的效果已经超过了 IMAX，当然在这一点上就是见仁见智了。

四、分时显示（Active shutter 3D system）

分时显示技术是用来显示 3D 影像的一种方式，顾名思义，就是让两套影像在不同的时间播放。例如，在播放左眼看的图像时就用眼镜遮挡住用户的右眼视野；反过来，在播放右眼看的图像时就用眼镜遮挡住用户的左眼视野。如此高速切换两套影像的播放，会在人眼视觉暂留特性的作用下形成连续的画面。这种技术因为类似于相机的快门技术，所以又称为主动式快门 3D 显示技术。

目前的主动式快门 3D 系统通常使用液晶快门眼镜，可以用作 CRT 显示器、等离子显示器、LCD、投影仪和其他类型的影像播放。同步信号则分为有线信号、红外信号、无线电信号（如蓝牙、DLP 等）。

相对于红蓝分光 3D 眼镜，主动式快门 3D 眼镜不会出现偏色现象。而相比偏光 3D 系统，主动式快门 3D 眼镜可以保证影像的完整分辨率，但其的缺点也很明显，以 CRT 实现为例，要求眼镜和显示器的时钟同步非常精确，否则就会产生视觉混乱。而以如今主流的 LCD 和 OLED 为例，则要求显示器的刷新率至少超过 100Hz，甚至是 120Hz。因此在很长一段时间里，因为显示面板的刷新率无法突破 100Hz，分时显示技术一度停滞。

随着近年来显示面板技术的发展突飞猛进，分时显示技术又重新焕发了活力。

五、HMD 头戴显示技术

HDM 头戴显示技术的基本原理是让影像透过棱镜反射之后，进入人的双眼在视网膜中成像，营造出在超短距离内看超大屏幕的效果，而且具备足够高的解析度。

因为头戴显示器通常拥有两个显示器，而两个显示器由计算机分别驱动会向两只眼睛提供不同的图像。这样就形成了双眼视差，再通过人的大脑将两个图像融合以获得深度感知，从而得到立体的图像。

早在 Oculus Rift 之前，Sony 的 HMZ 系列头戴显示设备就已经风行于世了，此外还有 SBG Labs 的 DigiLens 系列产品、MicroOptical 的 MV 系列产品等。主流的沉浸式虚拟现实头戴设备基本上都是基于双显示屏技术的，包括 Oculus Rift、HTC Vive、Sony Playstation VR、3Glasses、蚁视 AntVR 等。

当然，除了这种直接内置屏幕显示图像的 HMD 显示屏技术，还有一种视网膜投影技术。简单来说，就是通过投影系统把光线射入人眼，然后大脑会自动脑补一个虚像。采用这种显示技术的头戴设备包括 Google Glass 和 Avegant Glyph。

前一种通过内置显示屏显示图像的技术更适合沉浸式体验，也就是严格意义上的虚拟现实；而视网膜投影技术则更适合在真实影像上叠加投射图像，也就是所谓的增强现实。

那么微软的黑科技产品 HoloLens 和受到众人热捧的看起来更神秘、更黑科技的 Magic Leap 又是基于什么原理呢？

先来看看 HoloLens，它相当于 Google Glass 的升级版方案，可以看作 Google Glass 和 Kinect 的合体产品。它内置了独立的计算单位，通过处理从摄像头所捕捉到的各种信息，借助自创的 HPU（全息处理芯片），透过层叠的彩色镜片创建出虚拟物体影像，再借助类似 Kinect 的体感技术，让用户从一定角度和虚拟物体进行交互。依靠 HPU 和层叠的彩色镜片，HoloLens 可以让用户将看到的光当成 3D 图像，感觉这些全息图像直接投射到现实场景的物体上。当用户移动时，HoloLens 借助广泛应用于机器人和无人驾驶汽车领域的 SLAM（同步定位与建图）技术来获取环境信息，计算出玩家的位置，保证虚拟画面的稳定。

再来看看 Magic Leap，单从显示技术上来看要比 HoloLens 高出不止一个数量级。Magic Leap 采用了所谓的"光场成像"技术，从某种意义上来说可以算作"准全息投影"技术。它的原理是用螺旋状震动的光纤来形成图像，并直接让光线从光纤弹射到人的视网膜上。简单来说，就是用光纤向视网膜直接投射整个数字光场（Digital Lightfield），产生所谓的电影级现实（Cinematic Reality）。

之所以说是"准全息投影"技术，是因为真正的 3D 全息投影技术可以直接投影到空气中，而无须佩戴专用的眼镜观看。但 Magic Leap 的显示技术仍然需要佩戴眼镜，即便最终可以缩小到普通眼镜大小，也仍然如此。当然，Magic Leap 的创始人宣称未来将可以实现真正意义上的无须佩戴眼镜的 3D 全息投影，这一点就只有靠时间去检验了。单靠立体显示技术、远不能实现真正的虚拟现实或增强现实系统。但是对普通大众来说，确实很容易产生这种误解，甚至经常会把 3D 头显和虚拟现实系统混为一谈，因为头戴显示系统是最直观、最简单的效果展示方式。

第二节　多感知自然交互技术

在 XBOX 平台的《哈利波特》游戏中，华特迪士尼公司选择使用体感操控设备 Kinect 来控制游戏，魔法棒的操控和咒语的施展，还有药剂的调配和经典的魔法战斗过程，使用体感交互的方式无疑更加自然。当然，遗憾的是仅有 Kinect 体感交互技术还无法让玩家产生十足的沉浸感，甚至有点儿把自己当傻瓜的感觉。要实现完美的沉浸感，虚拟现实的世界中需要用到以下这些自然交互技术。

一、动作捕捉（Motion Capture）

为了实现和虚拟现实世界中场景与人物之间的自然交互，我们需要捕捉人体的基本动作，包括手势、身体运动等。实现手势识别和动作捕捉的主流技术分为两大类，一类是光学动作捕捉，一类非光学动作捕捉。光学动作捕捉包括主动光学捕捉和被动光学捕捉，而非光学动作捕捉技术则包括惯性动作捕捉、机械动作捕捉、电磁动作捕捉甚至超声波动作捕捉。而从动作捕捉的范围来看，又分为手势识别、表情捕捉和身体动作捕捉三大类。

典型的动作捕捉系统包括几个组成部分，如传感器、信号捕捉设备、数据传输设备和数据处理设备。通过不同技术实现的动作捕捉设备各有优缺点，可以从几个方面来评价：定位精度，实时性，方便程度，可捕捉的动作范围大小，抗干扰性，多目标捕捉能力等。

在众多动作捕捉技术中，机械式动作捕捉技术的成本低，精度也较高，但使用起来非常不方便。超声波式运动捕捉装备成本较低，但是延迟比较大，实时性较差，精度也不是很高，目前使用的比较少。电磁动作捕捉技术比较常见，一般由发射源、接收传感器和数据处理单元构成。发射源用于产生按一定规律分布的电磁场，接收传感器则安置在演员的关键位置，随着演员的动作在电磁场中运作，并通过有线或无线方式和数据传输单元相连。电磁式动作捕捉技术的缺点是对环境要求严格，活动限制大。

惯性动作捕捉技术也是比较主流的动作捕捉技术之一。其基本原理是通过惯性导航传感器和 IMU（惯性测量单元）来测量演员动作的加速度、方位、倾斜角等特性。惯性动作捕捉技术的特点是不受环境干扰，不怕遮挡，采样速度高，精度高。2015 年 10 月由奥飞动漫参与 B 轮投资的诺亦腾就是一家提供惯性动作捕捉技术的国内科技创业公司，其动作捕捉设备曾用在 2015 年最热门的美剧《冰与火之歌：权力的游戏》中，并帮助该剧勇夺第 67 届艾美奖的"最佳特效奖"。

光学动作捕捉技术最常见，基本的原理是通过对目标上特定光点的监视和跟踪来完成动作捕捉的任务，通常基于计算机视觉原理。典型的光学式动作捕捉系统需要若干个相机环绕表演场地，相机的视野重叠区就是演员的动作范围。演员需要在身体的关键部位，如脸部、关节、手臂等位置贴上特殊的标志，也就是"Marker"，视觉系统将识别和处理这些标志。当然，现在已经出现了不需要"Marker"标志点的光学动作捕捉技术，由视觉系统直接识别演员的身体关键位置及其运动轨迹。光学动作捕捉技术的特点是演员活动范围大，而且采样速率较高，适合实时动作捕捉，但是系统成本高，而且后期处理的工作量比较大。

从目前的情况看，并不存在一种堪称完美的动作捕捉技术。最经常使用动作捕捉技术的莫过于游戏、动画和电影行业了。早在 1994 年，Sega 就在 Virtual Fighter 2 这款游戏中使用动作捕捉刻画游戏人物的动作。到了 1995 年，很多游戏开发公司开始使用动作捕捉技术，Acclaim Entertainmen 甚至在总部弄了个动作捕捉工作室。南梦宫在《魂之利刃》这款 3D 格斗游戏中使用了被动光学动作捕捉系统。游戏的开场动画完全摆脱传统计算机人物模型的生涩僵硬动作，人物动作自然流畅，令人眼前一亮。

除了游戏公司热衷于使用动作捕捉技术，好莱坞的大导演们也喜欢用这种技术来打造完美的 CG 效果，部分甚至完全取代了手绘动画。采用动作捕捉技术打造的经典人物形象包括《指环王》中的咕噜、《金刚》中的金刚、《加勒比海盗》中的 Davy Jones、《阿凡达》中的纳威人、《创：战纪》中的 Clu。当然，在影片《霍比特人：意外之旅》中的哥布林、食人妖、半兽人和巨龙史矛革等，也都是通过人体动作捕捉技术来塑造的经典形象。

《辛巴达：穿越迷雾》是首部主要使用动作捕捉打造的电影，而《指环王：双塔奇谋》则是首部使用实时动作捕捉系统的电影。通过实时动作捕捉，演员 Andy Serkis 的动作被完美呈现在计算机生成的咕噜身上。

从 2001 年开始，动作捕捉被广泛应用在拍摄具有照片级真实度的数字人物形象上。其中令人印象最深刻的莫过于《阿凡达》中的纳威人形象了。该电影使用 Autodesk Motion Builder 软件来生成人物角色在电影中的实际形象，从而大大提高了拍摄的效率。在 2016 年初上映的著名科幻电影《星球大战 7》中，也采用动作捕捉技术让里面千奇百怪的外星种族战斗有栩栩如生的表现。

此外，2015 年 11 月苹果收购的 Faceshift 就是一家提供实时面部表情识别和捕捉系统解决方案的公司，该公司的技术也在《星球大战》系列电影中得到了使用。

二、3D 光感应

以上提到的几种动作捕捉技术各有优劣，但有一个共同缺点就是系统过于复杂，成本高昂，更适合商用，也就是游戏开发商或者影视制作公司使用。对于普通玩家和用户来说，至少在短期内不太可能用上如此复杂且价格高昂的设备。

相对廉价的家用技术和产品也能实现类似的效果，配合微软 XBOX 的体感设备 Kinect 就是其中佼佼者。Kinect 设备基于 3D 深度影像视觉技术，或者叫结构光 3D 深度测量技术。Kinect 的机身上有 3 个镜头，中间是常见的 RGB 彩色摄像头，左右两侧则是由红外线发射器和红外线 CMOS 感光元件组成的 3D 深度感应器，Kinect 主要就是靠这个 3D 深度感应器来捕捉玩家的动作。中间的摄像头可以通过算法来识别人脸和身体特征，从而辨识玩家的身份，并识别玩家的基本表情。

Kinect 所使用的红外 CMOS 感光元件是一个单色感应器，可以在任何光环境下捕捉 3D

的视频数据。它以黑白光谱的方式来感知外部环境，其中纯黑色代表无穷远，纯白色代表无穷近，而之间的灰色地带则对应物体到传感器的物理距离。这个感应器会收集视野范围内的每一点，并形成代表周围环境的景深图像，从而实时感知 3D 的在线周围环境。在获得景深图像后，Kinect 会使用算法来辨识人体的不同部位，将人体从背景环境中区分出来，并最终形成人体的骨骼模型跟踪系统。

目前，有多个厂商在使用类似的技术提供手势识别和姿势控制的解决方案，也便于用户使用。Kinect 最早采用的是 PrimeSense 的解决方案，2013 年开始改用微软内部的解决方案。因为投入商业化应用的时间比较长，所以 Kinect 从识别精度、分辨率、算法、SDK 支持等各方面都比较领先。缺点就是价格比较高，而且只面向 Windows 平台。

PrimeSense 这家以色列公司从 2005 年就开始研究 3D 光传感器技术，在和微软合作期间也累积了不少的经验，遗憾的是 2013 年底被苹果以 3.5 亿美元收购，从此不再出现在公众的视野中。但无可置疑的，如果苹果未来在自己的某款 i 字号设备上使用了 3D 光感应技术，那么技术成熟度和用户体验也一定会远高于市面上的已有产品。不过考虑到苹果一贯的封闭平台策略，即便有这样一款产品出现，也一定只面向自家的 Mac 和 iOS 平台。

在 2014 年的 IDF 大会上，Intel 着重介绍了全新的 RealSense 实感技术，并推出了搭载该技术的硬件产品。RealSense 也采用了基于结构光技术的传感器，宣称支持多种应用场景，如手势操控、实物 3D 扫描、实物测量、先拍照后对焦等。支持 RealSense 技术的平板电脑背部有 3 个摄像头，这 3 个摄像头会同时工作，从不同位置捕捉三维环境的照片，然后通过算法来计算出距离和位置关系。

采用类似技术的产品或解决方案的还包括 Softkinetic、LeapMotion、Project Tango 等。但总的来说，3D 光感应技术还属于前期的探索阶段，并没有非常成熟的解决方案。

三、眼动追踪

眼动追踪的通俗说法就是眼球追踪，最早主要用在视觉系统研究和心理学研究中。早在 1879 年，法国的生理心理学家 Luois Emile naval 就开始通过这种技术来研究人类的注意力。

在虚拟现实的世界中，视觉感知的变化目前主要取决于对用户头部运动的跟踪，所以在以 Oculus Rift 为代表的虚拟现实头盔设备中，都会配一个专门用于跟踪头部运动的传感器。用户的头部发生运动时，系统所生成的图像需要同步发生变化，这样才能实现实时的视觉显示效果。

日常生活中，很多时候人们会在不转动头部的情况下，通过转移视线方向来观察环境。除了观察环境，很多时候我们希望在虚拟环境中用视线焦点的移动来进行一些简单的交互，这个时候眼动追踪就显得特别重要了。

眼动追踪的原理其实很简单，就是使用摄像头捕捉人眼或脸部的图像，然后用算法实现人脸和人眼的检测、定位和跟踪，从而估算用户的视线变化。目前，主要使用光谱成像和红外光谱成像两种图像处理方法，前一种需要捕捉虹膜和巩膜之间的轮廓，而后一种则跟踪瞳孔轮廓。眼球追踪技术对有些用户来说并不陌生，三星和 LG 都曾经推出过搭载眼球追踪技术的产品。例如，三星 Galaxy S4 就可以通过检测用户眼睛的状态来控制锁屏时间，LG 的 Optimus 手机也可支持使用眼球追踪来控制视频播放。

在虚拟现实头戴设备方面，来自日本 FOVE 公司的 FOVE 头盔运用自主研发的方案，推出了全球首款支持眼球追踪技术的 VR 头显。著名眼球追踪技术公司 SensoMotoric Instruments（SMI）正在积极开发全新的眼球跟踪技术插件，让 OSVR 也支持该技术。此外，Tobii 公司也宣布和 Starbreeze 公司合作，将该技术融入号称拥有 5K 画质和 210 度视场角的 StarVR 头显。

根据用户的实际使用反馈，Fove 设备的眼球追踪技术比 Oculus 的头部运动捕捉更为自然，准确性也较高，而且在游戏中可以实现无延迟的交互。在实际生活中，人的视野中出现问题时，也是先转动眼球，再配合头部的调整。因此，FOVE 的头戴设备同时配备了跟踪头部移动的感应器，让两种技术完美结合，大大提高了用户的交互体验。

FOVE 的创始人 Yuka Kojima（小岛由香）认为，眼动追踪技术可以和人工智能技术相结合，未来实现和游戏中的人物进行眼神交流。此外，眼动追踪技术还可以帮助残障人士输入文字、操控键盘、进行音乐演奏等。眼动追踪技术非常重要，因此即便是引领行业先河的 Oculus 创始人 Palmer Luckey 也在接受采访时宣称，正致力于在自家的产品中融入该技术。

四、语音交互

在和现实世界进行交流的时候，除了眼神、表情和动作之外，最常用的交互技术就是语音交互。一个完整的语音交互系统包括对语音的识别和对语义的理解两大部分，不过人们通常用"语音识别"这一个词来概括。语音识别包含了特征提取、模式匹配和模型训练 3 方面的技术，涉及的领域很多，包括信号处理、模式识别、声学、听觉心理学、人工智能等。

1932 年，贝尔实验室的研究院 Harvey Fletcher 启动了语音识别的研究工作。到 1952 年，贝尔实验室已经拥有了第一套语音识别系统。当然这套系统还很原始，只能识别一个人，而且词汇量在 10 个单词左右。遗憾的是贝尔实验室的语音识别研究很快被"断奶了"。1969 年，John Pierce 写了一封公开信，对语音识别技术的研究大骂一通，他认为这项研究的难度无异于"把水转化成油，从大海中分离黄金，治愈癌症，或是登上月球"。很快，贝尔实验室的专项研究资金就被停掉了。当然，颇具讽刺意味的是，就在 1969 年，人类成功实现了"阿波罗"登月计划。

好在美国军方一直对前沿科学研究提供着不遗余力的支持。1971 年，著名的美国国防部先进研究项目局（DARPA）提供了为期 5 年的研究资金，用于研究词汇量不少于 1 000 个单词的语音理解研究项目。BBN、IBM、CarnegieMellon 和斯坦福研究院都参与了这一项目。

进入 20 世纪 80 年代，IBM 在语音识别技术上取得突破性的进展，并出现了 N-Gram

这种大词汇连续语音识别的语言模型。当然，语音识别技术的突飞猛进发展很大程度要归功于计算机性能的提升。如今，一部 iPhone4 手机的性能就已经达到了 1985 年超级计算机的运算性能。

进入 21 世纪以后，DARPA 再次宣布支持两项语音识别项目，其中 GALE 团队专注于普通话的新闻语音识别。Google 在从知名语音识别技术公司 Nuance 招聘了几名关键员工后，也从 2007 年开始进入这一领域。

2011 年 10 月，在苹果创始人乔布斯逝世的前夜，苹果公司发布了新款 iPhone 4S 手机，并搭配名为"Siri"的人工智能助手，而 Siri 应用所采用的语音识别技术就来自 Nuance。虽然苹果对 Siri 寄予厚望，但是从这几年的实际用户体验和反馈来说，Siri 的语音识别能力还远远没有达到人们预期的程度，更多成了人们无聊时候的调侃对象。

2015 年，微软推出了自家最新版的人工智能助手"小冰"。但和 Siri 一样，人们对"小冰"的语音识别能力并没有留下太深刻的印象。在国内，以科大讯飞为代表的中文语音识别技术，号称语音识别的准确性可以从以前的 60%~70% 提升到 95% 以上。但科大讯飞的技术更多属于对语音的识别，在语义理解方面并没有取得实质性的进展。相比其他几种交互技术，语音交互技术更多的属于算法和软件的范畴，但其开发的难度及其可提升的空间却丝毫不逊于任何一种交互技术。

五、触觉技术（Haptic Technology）

触觉技术又被称作所谓的"力反馈"技术，在游戏行业和虚拟训练中一直有相关的应用。具体来说，它会通过向用户施加某种力、震动或是运动，让用户产生更加真实的沉浸感。触觉技术可以帮助在虚拟的世界中创造和控制虚拟的物体，训练远程操控机械或机器人的能力，甚至是模拟训练外科实习生进行手术。

触觉技术通常包含 3 种，分别对应人的 3 种感觉，即皮肤觉、运动觉和触觉。触觉技术最早用于大型航空器的自动控制装置，不过此类系统都是"单向"的，外部的力通过空气动力学的方式作用到控制系统上。1973 年，Thomas D.SHANNON 注册了首个触觉电话机专利。很快，贝尔实验室开发出了首套触觉人机交互系统，并在 1975 年获得了相关的专利。1994 年，Aura Systems 发布了 Interactor Vest，一个可穿戴的力反馈装置，可以检测音频信号，并使用电磁作动器将声波转化成震动，从而产生类似击打或踢的动作。这套装置发布后大受欢迎，很快卖出了 40 万台，然后 Aura 推出了新的 Interactor Cushion，其操控原理和 Vest 类似，但不是可穿戴的。Vest 和 Cushion 的报价都是 99 美元。

此外，部分游戏操控器设备上也开始采用触觉技术。早在 1976 年，Sega 就在摩托车竞技游戏 Moto-Cross 中使用了触觉反馈技术，可以让车把在和另外的车辆碰撞后产生震动。1983 年，Tatsumi 在 TX-1 中使用力反馈技术来提升汽车驾驶的游戏体验。2007 年，Novint 发布了 Falcon，这是首款消费级 3D 触觉游戏控制器。它的功能类似机器人，可以取代传统的鼠标和控制器，可以产生高精度的三维空间的力反馈。

2013 年，Valve 宣布发布 Steam Machines 微主机设备，配套的是一款新的名为 Steam

Controller 的控制器，通过电磁技术来产生较大范围内的触觉反馈。

2015 年 3 月，苹果发布了自前任 CEO 离世后的首款新品类产品 Apple Watch。Apple Watch 上使用了"Force Touch"（压感触控）技术，并很快用到了 Macbook 产品线上。2015 年 9 月，苹果发布了全新的 iPhone 6s 系列手机，其中使用了"3D Touch"技术。该技术是"Force Touch"技术的升级版，可以实现轻点、轻按和重按 3 种程度的触摸操作。

六、嗅觉及其他感觉交互技术

在虚拟现实的研究中，对于视觉和听觉交互的研究一直占据主流位置，而对于其他感觉交互技术则相对忽视。但仍然有一些研究机构和创业团队在着手解决这些问题。

在旧金山举行的 GDC 2015 游戏开发者大会上，Oculus Rift 就带来了一款能够提供嗅觉交互的配件，可以让用户体验嗅觉和冷热等效果。这款配件由 FeelReal 公司研发，是一个类似面具的产品，其中内置了加热和冷冻装置、喷雾装置、震动马达、麦克风，还有"能提供 7 种气味的可拆卸气味发生器"。这 7 种气味包括海洋、丛林、草地、花朵、火焰、粉末和金属。

当然，这项技术离成熟还相差很远，美国知名科技媒体 Verge 的编辑在实际体验后认为佩戴这款设备基本上就是一种"折磨"。即便如此，我们也有理由对这种尝试鼓掌。想象一下未来在虚拟的世界中，当我们在虚拟的草地上漫步时，可以闻到青草的芳香，甚至掬起一把泥土时还可以闻到泥土的味道。

七、数据手套和数据衣

为了实现虚拟现实系统中的自然交互，经常需要将多种感知交互技术结合在一起，并形成一种特定的产品或者解决方案。数据手套和数据衣就是其中最经典的交互解决方案。以数据手套为例，根据其用途，可以分为动作捕捉数据手套和力反馈数据手套两种。顾名思义，动作捕捉数据手套的主要作用就是捕捉人体手部的姿态和动作，通常由多个弯曲传感器组成，可以感知手指关节的弯曲状态。

力反馈手套的主要作用则是借助手套的触觉反馈能力，让用户"亲手"触碰虚拟世界中的场景和物体，并在与使用计算机制作的三维场景和物体的互动中真实感觉到物体的震动和力反馈。目前，市面上已经有多款数据手套，包括 FakeSpace、Measurand、X–ISTImmersion CyberGrasp、DGTech、CyberGlove、5DT、Shadow Hand 等。

数据手套只能满足人体手部进行自然交互的需求，如果需要让人体多个部位都能感觉到虚拟世界中的反馈，就需要用到数据衣。和数据手套类似，数据衣也分为动作捕捉数据衣和感知反馈数据衣两种。动作捕捉数据衣是为了让虚拟现实系统识别人体全身运动而设计的输入装置，这里就不再赘述了。感知反馈数据衣的作用不是输入，而是输出。通过感知反馈数据衣，当虚拟世界的环境和物体通过物理规律对代表用户的虚拟形象产生作用时，如刮风、下雨、温度变化、受到虚拟人物的攻击、物体抛掷或降落等，通过触觉反馈装置和多感知反馈装置让用户产生身临其境的感觉。

目前，用于动作捕捉的数据衣已经投入商用，此外还有很多"智能数据衣"产品通过在衣服中内置微型传感器，可以检测人体的各种体征变化，从而应用于健康管理和运动管理领域。此类产品包括 Heddoko、Hexoskin、Ralph Lauren Polo Tech Shirt、Cityzen Sciences、OMsignal、Athos、Clothing+、Xsensio、R–Shirt、CancerDetectingClothing.com、AIQ Smart Clothing、Mimo、Owlet Baby Care、MonBaby 等。

遗憾的是，目前能够提供感知反馈的数据衣还处于研究阶段。2013 年，来自加拿大的一个创业团队在知名众筹平台 Kickstarter 上为一款名为 ARAIG（As Real As It Gets）的游戏马甲募集 90 万美元的研发资金。该设备在躯干部分安装了 16 个震动传感器，在背部同样安装了 16 个震动传感器，可以让玩家真实感受到游戏世界带来的各种冲击。遗憾的是该项目最终只募集到 12 万美元，以失败告终。虽然团队并没有停止研发，但是在缺乏资金支撑的情况下，ARAIG 的上市时间变得遥遥无期。至于《三体》游戏中提到的能让玩家感受到击打、刀刺和火烧，模拟外界的温度变化等效果的 V 装置，还处于实验室的研发阶段。

八、模拟设施

和数据手套、数据衣一样，模拟驾驶舱、模拟飞行器或其他的模拟设施并不是一种自然交互技术，而是综合利用各种交互技术设计的产品方案。

之所以在目前这个过渡阶段还需要使用各种不同的模拟设施，是因为触觉技术、多感知反馈技术均处于早期发展的阶段。此外，对于一些特殊环境下（如外太空的失重效应）的虚拟场景模拟也需要用到各种模拟设施，从而让使用者产生真正完美的沉浸感。

第三节　3D 建模

为了打造完美的虚拟现实体验，我们需要从零开始构建一个位于异度空间的虚拟世界，或是将现实生活中的场景人物转化成虚拟世界的一部分。在《玩家一号》这部科幻小说中，"绿洲"公司将古往今来几乎所有的奇幻、科幻世界场景都集成到一个庞大的"绿洲"世界中。而在《黑客帝国》中，击败人类后统治了整个地球的人工智能则构建了一个完全仿照现实世界的"矩阵"（Matrix）。

一、3D 计算机建模

3D 计算机建模技术发展至今已经非常成熟，也是构建虚拟现实世界的基础技术之一。如果想穿越时空，在盛唐时期的长安街上看风景，或是要坐上飞行火车去霍格沃茨魔法学院跟哈利波特一起用神奇的魔法对抗伏地魔，就得靠 3D 计算机建模技术构建出一个现实中并不存在的异想世界。

很多人都玩过或者听说过 3D 游戏，和 2D 游戏不同的是，3D 游戏世界中的场景和物体都给人栩栩如生的感觉，会让玩家产生更强烈的代入感。3D 游戏中的场景、人物和物体基本上都是使用 3D 计算机建模来完成的。

简单来说，3D 计算机建模就是通过各种三维软件在虚拟的三维空间中构建出具有三维数据的模型。这个模型又被称作 3D 模型，可以通过名为"3D 渲染"的过程以二维的平面图像呈现出来，或是用在各种物理现象的计算机模拟中，或是用 3D 打印设备创造出来。

3D 建模的过程可以是自动的，也可以是手动的。手动建模的过程和人类自古就有的造型艺术与雕塑非常类似。除了游戏之外，3D 计算机建模还广泛应用在影视、动画、建筑设计和工业产品的设计中。目前，在游戏、影视和动画领域最常用的 3D 建模软件包括 3Ds Max、Maya、Blender、Softimage 等，而在建筑和工业设计中最常用的则是 AutoCAD、Rhino 等软件。

二、3D 摄像机

3D 摄像机又被称作立体摄像机，它是利用人眼的双眼视差效应来拍摄立体视频图像的设备。3D 摄像机通常有两个或多个镜头，通过两个镜头的间距和夹角记录影像的变化，从而形成立体视觉效果。两个镜头间的距离和人的双眼间距相似，都在 6.35 厘米左右。所拍摄的影像在具有立体显示功能的设备上播放时，就可以产生具有立体感的影像效果。

当然，不是所有的双镜头相机都是用来拍摄立体影像的。以双反相机为例，其中一个镜头用来取景和对焦，而另一个镜头用来拍摄。著名的双反相机品牌包括 Rolleiflex，还有 Mamiya。2012 年，三星发布了 NX300 相机，只用一个镜头就可以实现拍摄传统 2D 照片、3D 照片和全高清视频的功能。

三、360 度全景拍摄

随着 Oculus Rift 等虚拟现实头戴设备的兴起，人们在惊叹于这类头戴设备所带来的沉浸式体验之余发现了一个重要的问题，就是可供体验的内容实在是寥寥无几。虽然如 Samsung 和 Oculus 也推出了一些 360 度的视频和图片体验内容，但只能让用户简单地体验一下，一旦用户需要体验更多的内容，就会感到十分无奈。

需要注意的是，虚拟现实体验中提到的全景照片和视频与传统相机厂商提到的"全景"不是同一个概念。现在基本上所有的智能手机都提供所谓的"全景"拍摄功能，以 iPhone 为例，当用户举起手机按照屏幕上的指引水平移动手机时，就可以拍摄所谓的"全景"照片。但这种"全景"照片属于所谓的"水平全景"照片，不能将相机顶部和底部的信息拍摄进去。

真正的 360 度全景拍摄需要使用至少两个以上的广角镜头（Google Jump 使用了 18 个镜头，Nokia OZO 使用了 8 个镜头），从不同的角度拍摄影像，并使用后期处理软件处理成 360 度全景影像，或是使用机内嵌入式计算系统实时处理成 360 度全景影像。

以 360Hero 为例，推出了多种多相机组合支架，可以将 6~8 个 GoPro 运动相机通过支架组合在一起，并使用无线装置进行同步。在拍摄完成之后，再使用以 Kolor 为代表的全景影像处理软件进行后期处理。

理光于 2013 年推出了 Theta 系列 360 度全景相机，可以称作业内首款消费级 360 度全景相机，目前已经更新到第三代。该产品采用了前后两个超广角鱼眼镜头，操控非常简单，只需要按下按钮就可以一键拍摄 360 度全景照片，也可以拍摄短时间的全景视频。遗憾的是这款产品的成像质量比较差，拍摄全景视频的时间在 3 分钟以内，无法用于虚拟现实内容制作。

2014 年，虚拟现实解决方案厂商 NextVR 使用 6 部昂贵的 Red Epic Dragon 6k 摄像机组成了一个虚拟现实全景拍摄设备，并在 2015 年成功实现了对 NBA 比赛的实时 360 度 3D 虚拟现实影像直播。2015 年 10 月 28 日，NextVR 使用这套设备直播了卫冕冠军金州勇士对战新奥尔良鹈鹕队的揭幕战，并配合三星 Gear VR 使用。虽然设备本身的数据采集和处理非常流畅，但当时的网络宽带还不足以支持如此巨量数据的实时传输。

在 2015 年的 Google I/O 大会上，Google 联合运动相机厂商 GoPro 发布了 Google Jump 解决方案，由相机设备、图像拼接处理算法以及视频内容播放平台 3 部分组成。其中相机设备部分由 16 台 GoPro 相机组成一个阵列，可以 360 度无死角拍摄外部环境。

2015 年 7 月 30 日，首部便携 4K 360 度全景相机 Sphericam 2 在 kickstarter 上成功募集约 46 万美元，在小巧的机身上集成了 6 个高清摄像头，可以实现实时全景视频拼接和流媒体播放。2015 年 7 月，经历劫后重生的 Nokia 发布了首款真正意义上的虚拟现实 360 度全景相机 OZO，在机身内集成了 8 个摄像头，分布在球形机身的四周。OZO 还配有 8 个嵌入式麦克风，可以记录 360 度的环境音效。OZO 拍摄的视频内容采用标准视频格式记录，可以让用户通过 Oculus Rift 这样的虚拟现实头戴设备观看。

四、3D 扫描

说起扫描，我们会想到在日常生活中经常使用扫描仪将文件或照片扫描成电子格式，以便分享给其他人。在构建虚拟现实世界的时候，除了使用常规的 3D 建模技术和实景拍摄技术，还可以使用 3D 扫描技术将真实环境、人物和物体进行快速建模，将实物的立体信息转化成计算机可以直接处理的数字模型。

对于普通人来说，可能接触最多的 3D 扫描技术就是 CT，也就是医院里面用到的 CT 技术。CT（Computed Tomography）又称作计算机断层扫描，它的原理是利用精准的 X 光、射线、超声波等，与灵敏度极高的探测器围绕人体的某一部位做断层扫描，具有扫描时间快、图像清晰等特点，可用于多种疾病的检查。

3D 扫描仪就是利用 3D 扫描技术将真实世界物体或环境快速建立数字模型的工具。3D 扫描仪有多种类型，通常可以分为 2 大类：接触式 3D 扫描仪和非接触式 3D 扫描仪。目前看来，每种 3D 扫描技术都存在一定的局限性和特点。接触式 3D 扫描技术的精度较高，但是体积巨大、成本高昂，而且对物体表面会造成损伤，其应用领域受到极大的限制。

光学 3D 扫描又分为主动和被动两种。被动方式其实就是利用 3D 光感应器来捕捉物体表面的自然光，然后利用双眼视差原理生成立体影像。主动方式即向物体表面投射特定的光，精度较高，但扫描速度慢，而且激光会对生物体造成一定的伤害。新兴的主动扫描技术采用结构光，通过投影或光栅同时投射多条光线。光学 3D 扫描技术的成本较低，但无法处理表面发光、有镜面效应或是透明的物体，当然更不可能扫描物体内部的结构。

此外，用于医学检查或工业上使用的 X 光断层扫描技术成本高昂，但可以用于无损的数字 3D 建模。3D 扫描技术和 360 度全景拍摄技术既有相似之处，也存在一定的差别。相似的地方在于，3D 扫描和 360 度全景拍摄技术一样通常只能收集物体表面的信息。不同之处在于，360 度全景拍摄技术关注的是视场范围内的物体表面色彩信息。而 3D 扫描技术关注的是物体表面的距离信息。所以用 360 度全景拍摄技术得到的是"瞬间"或动态的影像信息，而 3D 扫描技术得到的是场景或物体的三维数字模型。

3D 扫描技术目前并不能完全替代 360 度全景拍摄技术，至少短期内是无法实现的。因为 3D 扫描技术通常用于对小范围内的场景或单个物体进行静态的 3D 建模，而 360 度全景拍摄技术则可以捕捉大范围内的动态影像。此外，3D 扫描技术更关注物体表面的拓扑结构，而忽视色彩信息，360 度全景拍摄技术作为传统摄影摄像技术的升级，更关注光影和色彩。只有将两种技术结合起来，才可以构建近乎真实的虚拟数字世界。

2013 年 8 月，美国知名 3D 打印厂商 MakerBot 的 CEO Bre Pettis 发布了名为 Digitizer 的 3D 扫描仪。2015 年 11 月 19 日，由澳大利亚创业团队研发的 Eora 3D 项目成功在 kickstarter 上募集了近 60 万美元。Eora 3D 是一个廉价的高精度智能手机 3D 扫描解决方案，可以配合 iPhone 和各种智能手机使用。使用 Eora 3D 扫描得到的 3D 数字模型可以达到低于 100 微米的精度，模型拥有超过 800 万个顶点。该设备的扫描距离是 1 米，可以扫描的物体尺寸是 1 平方米，并提供配套的 APP、软件和云存储方案。

总的来说，目前 3D 扫描技术处于发展的早期阶段，还欠缺方便易用的消费级解决方案。

五、虚拟现实引擎

在通过各种建模技术获得了或真实或虚拟的场景、人物、物体模型之后，要来构建一个我们所需要的虚拟世界就需要用到虚拟现实引擎。

一般来说，虚拟现实引擎需要具备以下功能：

（1）三维场景编辑。开发人员需要把可视化的三维场景（环境、人物、物体等）模型导入，并进行后期的编辑。

（2）交互信息处理。当虚拟世界中的环境、人物或物体接收到来自真实世界的交互信息（无论是以何种形式）后，需要程序对这些信息进行处理。

（3）物理引擎。虚拟世界中的环境、人物或物体也应该受到类似真实世界的物理规律制约，包括重力、作用力和反作用力、摩擦力等。

（4）粒子特效编辑。为了让虚拟世界中的画面效果更加接近真实，需要使用各种粒子特效来模拟下雪、下雨、雾霾等自然现象。

（5）动画和动作处理。虚拟世界中的各种角色需要模拟真实世界中的各种动作，才不至于像看木偶片。

（6）网络交互。独乐乐不如众乐乐，如果一个虚拟世界中只有一个活生生的人，除非人工智能已经达到了极高的境界，那么即便这个世界的风景再绚丽，显然也是非常无趣的。

必要的时候还需要搭配一个虚拟的社交系统或虚拟社区，让人们以化身的形式登陆虚拟的世界，并且进行各种互动。

在 Oculus Rift 这种头显设备大显其道之前，虚拟现实其实在各个行业都已经得到了应用，所使用的引擎包括 Vega Prime、WTK、Virtools、Converse3D、中视典的 VR–PIatform（简称 VRP）等。目前，最主流的虚拟现实引擎其实也是开发 3D 游戏的三大主流引擎，包括 Unity、虚幻（Unreal）和 CryEngine 等。特别是 Unity 和 Unreal，与海内外各大虚拟现实头戴设备厂商和交互设备厂商都有着非常密切的合作。Unreal 引擎的东家 Epic Games 和 CryEngine 的东家 Crytek 甚至亲自下场制作高水准的虚拟现实演示产品，对虚拟现实的重视程度可见一斑。

第四节　3D 全息投影

虚拟现实又分为沉浸式虚拟现实（Virtual Reality，VR）、增强现实（Augmented Reality，AR）和所谓的混合现实（Mixed Reality，MR）。当我们进入 VR 的世界时，需要佩戴 VR 眼镜进入《黑客帝国》那样完全虚拟的世界。但是对于 AR 和 MR 则不同，我们希望看到的是类似《星球大战》和《钢铁侠》里面的场景，将来自另一个时空的人物或场景的三维影像直接投影到空气之中，并实现自然的交互。这种技术其实就是全息投影。

全息投影可以利用光线的干涉和衍射原理再现物体真实的三维图像，不仅可以产生立体的三维图像，还可以让三维图像和使用者进行互动。早在 1947 年，英国物理学家丹尼斯·盖伯就发明了全息投影术，并因此项工作赢得了 1971 年的诺贝尔物理学奖。这项技术最开始用于电子显微技术，故又被称为电子全息投影技术。而真正意义上的全息投影技术一直到 1960 年激光发明后才取得实质性的发展。1962 年，苏联的 Yuri Denisyuk 首次实现了记录 3D 物体的光学全息影像。几乎在同一时间，美国密歇根大学的研究人员也发明了同样的技术。

3D 全息投影技术可以分为投射全息投影和反射全息投影两种，是全息摄影技术的逆向展示。和传统的立体显示技术利用双眼视差原理不同，3D 全息投影技术可以通过将光线投射在空气或者特殊的介质上真正呈现 3D 的影像。人们可以从任何角度观看影像的不同侧面，得到与观看现实世界中物体完全相同的视觉效果。

实际上，3D 全息投影技术离我们普通大众并不遥远。在 2015 羊年春节联欢晚会上，李宇春就曾借助全息投影技术的魔力倾情演绎了带有浓郁中国风的歌曲《蜀绣》。在舞台现场，观众看到了 4 个李宇春同台献技，让春晚因为高科技而显得更加吸引人。2015 年 6 月，二次元的"超级女声"偶像初音未来在上海举办了 3D 全息投影演唱会，让无数宅男宅女为之疯狂。这些演出中就用到了当今商用领域最主流的全息投影技术，将所需的影像投射在专用的全息膜上。

目前我们经常看到的各类表演中所使用的全息投影技术，都需要用到全息膜这种特殊的介质，而且需要提前在舞台上做各种精密的光学布置。虽然看起来效果绚丽无比，但成本高昂，操作复杂，需要专业训练，并非每个普通人都可以轻松享受到。从某种程度上来说，目前的主流商用全息投影技术只能被称作"伪全息投影"。

真正的 3D 全息投影技术，可以摆脱对全息膜的依赖，直接投射在空气中，并实现随时随地的显示，但目前技术并不成熟。2013 年，以色列一家名为 Real View 的公司开发出了一种梦幻般的医用 3D 全息投影系统。使用这项全新的技术，医生可以用 3D 全息投影模拟手术操刀，从而为外科医生实习生培训和远程医疗打造新平台。在 Youtube 上一段流行的视频上，只见以色列外科医生埃尔哈南·布鲁克海默轻轻转动面前漂浮的心脏 3D 全息投影，并用手术刀在一个心脏瓣膜上切开一个刀口，就像是在现实中给患者做手术一样。埃尔哈南·布鲁克海默认为这项新技术将极大地提高外科手术的成功率，"这个新的系统可以提供逼真的人体解剖图。作为医生可以直观看到人体内组织的一切，包括器官所处的位置和身体运行的情况。在我的职业生涯中，这是首次看到一个虚拟的心脏在我的手掌中跳动"。

Real View 的创始人兼 CEO Aviad Kaufman 认为，"Real View 所开发的全息投影技术可以实现真正的 3D 视觉交互系统。使用我们的全息影像系统，医生可以在眼前的空气中精确操作病患的身体器官"。

2014 年，美国加州一家名为 Ostendo 的公司宣称正在研发可以用于智能手机的三维全息投影芯片。在接受《华尔街日报》的采访时，Ostendo 的 CEO Hussein S.EI-Ghorouy 宣称显示技术是智能手机行业"最后的前沿领域"。他认为自从 iPhone 的多点触摸交互技术革命后，智能手机行业几乎就没有任何大的创新，除了处理器计算能力和网络带宽的性能提升之外，"没有什么技术进步可以跟显示技术相提并论"。

Ostendo 打算用一款带点儿科幻色彩的产品来解决这个问题，也就是量子光电子成像仪（Quantum Photonic Imager）。这款黑科技产品由一个图像处理器和多个 Micro-LED 构成，还搭配特定的算法软件对影像渲染进行处理。

Ostendo 的这款产品可以依托单个芯片在任何表面上投射出 121.92 厘米的 2D 影像，但如果只能做到这一点，那么充其量只能算是一个升级版的普通数字投影仪。通过将多个芯片连接在一起，Ostendo 可以实现在空气中投射更大、更高分辨率的 3D 影像。在现场的产品展示中，《华尔街日报》编辑看到了这款实验产品在空气中投影出一对虚拟的骰子。在显示质量上，Ostendo 产品可以支持高达 5 000ppi 像素密度，遗憾的是目前的智能手机还无法支持这种像素密度。以 LG G3 为例，只能做到对 538ppi 的支持。

当然，作为一个创业公司，Ostendo 的伟大创想能否转化成大众普遍接受的产品，还需要智能手机厂商的支持。

根据知名科技媒体 PhoneArena 和 MacRumors 的报道，苹果公司正在我国台湾北部的一个秘密工厂研发类似 Ostendo 的 Micro-LED 显示技术。为了此项研究，苹果公司从当地的 AU Optronics 和高通的子公司 SoILink 招聘了若干研发工程师。在使用了多年的 TFT-LCD

显示屏之后，早就有多个媒体宣称苹果公司将在后续的 iPhone 产品中换用 OLED 显示屏。而在 2014 年，苹果公司就已经收购了 Micro-LED 显示屏制造商 LuxVue Technology。这种 Micro-LED 显示屏无须背光支持，用其开发的 iPhone 屏幕将更薄更亮、分辨率更高。当然，Micro-LED 显示技术最酷的地方在于可以让未来的 iPhone 用户裸眼观看全息影像，而无须佩戴专用的眼镜。

第五节　脑机接口

在《脑机穿越》这本书的中文序中，有这样一段话。

"想象你生活在这样一个世界里：人们通过思想来操控电脑、驾驶汽车、与他人进行交流，不再需要笨重的键盘或液压方向盘……在这样的世界里，依靠身体动作或言语来表达意图已经变得毫无意义。你的想法会被有效而完美地转化为纳米工具的细微操作或者尖端机器人的复杂动作。不用动手输入一个字，也不用动口说出一个词，你就可以在网络上与世界任何地方的任何人进行交流。足不出户，你便能够体验到触摸'遥远星球'表面是什么感觉。"

实际上，很多游戏爱好者与科幻迷每当提到虚拟现实技术，大家第一时间想到的就是脑机接口技术。为了实现完美的虚拟现实沉浸感，使用脑机接口的确是一种终极解决方案。这是因为无论使用何种设备和算法来模拟外界的环境刺激，或是向虚拟世界提供交互信号，都比不上直接让大脑和虚拟世界建立一种数字纽带来得直接和彻底。

顾名思义，脑机接口（Brain Computer Interface，BCI）就是大脑和计算机直接进行交互，有时候又被称为意识—机器交互，神经直连。脑机接口是人或者动物大脑和外部设备间建立的直接连接通道，又分为单向脑机接口和双向脑机接口。单向脑机接口只允许单向的信息通信，如只允许计算机接受大脑传来的命令，或者只允许计算机向大脑发送信号（如重建影像）。而双向脑机接口则允许大脑和外部计算机设备间实现双向的信息交换。

脑机接口技术的发展跟一项神经科学技术息息相关，那就是脑电图学（electroencephalography，EEG）。1924 年，Hans Berger 首次使用 EEG 技术记录了人类大脑的活动。Berger 当时采用的技术很原始野蛮，他直接把银质的电线放到病患的头皮下面，想起来还有些恐怖。如今的 EEG 测量技术显然不需要这样。

虽然在诸多科幻小说里面对脑机接口都有过各种想象，但真正的 BCI 研究始于 20 世纪 70 年代，由加州大学洛杉矶分校在美国国家科学基金会的资助下开展，后来又成功获得了 DARPA（美国国防部先进研究项目局）的资助。从脑机接口的研究开始，科学家重点关注的应用领域是如何使用神经义肢技术帮助残障人士重新获得听力、视力和行动能力。由于人脑具有非常强的可塑性，所以从义肢获取的信号经过适配后，可以由大脑的自然感应器或效应通道进行处理。在经过多年的动物实验后，20 世纪 90 年代，人类首次成功完成了神经义肢设备的移植。

在短短几十年的时间里，脑机接口技术已经实现了一些重大的研究突破。Philip Kennedy 和他的同事们通过将锥形神经电极植入猴子的大脑实现了首个皮层内脑机接口。1999 年，加州大学伯克利分校的 Yang Dan 通过对神经元活动进行解码，重现了猫所看到的图像。来自日本的学者也实现了类似的成果。

杜克大学的知名巴西裔教授，《脑机接口》（*Beyond Boundaries*）一书的作者米格尔·尼科莱利斯在脑机接口的研究上取得了更令人瞩目的成果。米格尔在 20 世纪 90 年代先是对老鼠展开了实验，然后又在夜猴身上实现了重大突破。在对夜猴的神经元活动进行解码后，可以使用设备将夜猴的动作完全复制到机器人的手臂上。2000 年，米格尔的团队已经可以将这一过程实时进行，甚至可以通过互联网来远程操控机器人的手臂。当然，米格尔所实现的脑机接口仍然属于单向脑机接口。米格尔团队进一步使用恒河猴替代了夜猴，并将单向脑机接口拓展成双向脑机接口，也就是让恒河猴可以感受到机器人手臂对外界物体的操控力反馈。

米格尔团队的研究成果在 2014 年世界杯的开幕仪式上首次让世人为之震惊。在巴西世界杯的开幕仪式上，28 岁的瘫痪青年茉莉亚诺·平托身穿米格尔团队打造的"机械战甲"，为本届世界杯开出第一球。这无疑是人类体育赛事上最具科技含量的一脚，也成了整个开幕式上最令人感动的一刻。这套"机械战甲"被命名为"Bra-Santos Dumont"，其中"Bra"代表巴西，"Santos Dumont"代表巴西历史上的知名发明家亚伯托·桑托斯·杜蒙，也是驾驶飞艇绕埃菲尔铁塔飞行一周的第一人。

"机械战甲"的学名是"外骨骼"，由米格尔团队领导的来自 25 个国家的 150 多名科学家联合打造，属于非营利项目"再行走计划"的研究成果之一。米格尔介绍说，这套"外骨骼"战甲由肢体辅助装置和神经传感系统组成，在头盔和身体上装有神经信号传感器。当平托的大脑发出指令后，脑电信号将无线传输到背包内的计算装置后，经过处理后转化为相应指令，并驱动液压装置完成开球动作。研究小组曾找了 8 名不同的瘫痪患者试验这套"战甲"，均成功行走。患者纷纷表示这是一种"真正行走的感觉"，这就意味着米格尔梦寐以求的双向脑机接口已经取得了实质意义上的突破。

当然，这套设备在短期内还无法投入商用阶段。一方面是技术还不够成熟，需要至少 10 年甚至 20 年的研发；另一方面则是设备的成本高达数万美元，而且重 10 千克。不过想想《明日边缘》里汤姆·汉克斯那套霸气十足的机械外骨骼，再看看《环太平洋》里威风凛凛的人类机甲战士，我们值得等待。

除了纯粹的科学研究，也有一些创业先锋在尝试如何将脑机接口技术应用于我们日常的生活中。例如，Neurosky（神念科技）的 BrainLink 可以采集大脑产生的生物电信号，并通过 esense 算法获取使用者的精神状态参数（专注度、放松度）等，实现基于脑电波的人机交互，或是俗称的意念控制。

当然，神念科技目前的所有产品都属于典型的"单向"脑机接口，即只能让计算机设备从大脑获取某些信息，而无法将信息通过脑机接口直接传达给大脑。

　　即便从纯科学研究的角度看，脑机接口技术都还处于十分早期的阶段。至于将脑机接口应用于虚拟现实领域，则需要更长的时间。从这个角度来看，人类离真正意义上虚拟现实时代的来临至少还有 30 年的时间。但终有一天，人类将迈进"脑联网"时代，期待我们能够见证这一天的到来。

第四章　人工智能技术

第一节　人工智能的概念

人工智能是极具挑战性的领域。伴随着大数据、类脑计算和深度学习等技术的发展，人工智能的浪潮又一次掀起。目前，信息技术、互联网等领域几乎所有主题和热点，如搜索引擎、智能硬件、机器人、无人机和工业 4.0，其发展突破的关键环节都与人工智能有关。

1956 年，由 4 位年轻学者麦卡锡（Mc Carthy J）、明斯基（Minsky M）、罗彻斯特（Rochester N）和香农（Shannon C）共同发起和组织召开了用机器模拟人类智能的夏季专题讨论会。会议邀请了包括数学、神经生理学、精神病学、心理学、信息论和计算机科学领域的 10 名学者参加，为期两个月。此次会议是在美国的新罕布什尔州的达特茅斯（Dartmouth）召开，也称为达特茅斯夏季讨论会。

会议上，科学家运用数理逻辑和计算机的成果，提供关于形式化计算和处理的理论，模拟人类某些智能行为的基本方法和技术，构造具有一定智能的人工系统，让计算机去完成需要人的智力才能胜任的工作。其中，明斯基的神经网络模拟器、麦卡锡的搜索法、西蒙（Simon H）和纽厄尔（Newell A）的"逻辑理论家"成为讨论会的三个亮点。

在达特茅斯夏季讨论会上，麦卡锡提议用人工智能（Artificial Intelligence）作为这一交叉学科的名称，定义为制造智能机器的科学与工程，标志着人工智能学科的诞生。半个多世纪以来，人们从不同的角度、不同的层面给出对人工智能的定义。

一、类人行为方法

库兹韦勒（Kurzweil R）提出人工智能是一种创建机器的技艺，这种机器能够执行需要人的智能才能完成的功能。这与图灵测试的观点很吻合，是一种类人行为定义的方法。1950 年，图灵（Turing A）提出图灵测试，并将"计算"定义为：应用形式规则，对未加解释的符号进行操作。如图 4-1 所示，给出了图灵测试的示意图，将一个人与一台机器置于一间房间中，而与另外一个人分隔开来，并把后一个人称为询问者。询问者不能直接见到屋中任一方，也不能与他们说话，因此他不知道到底哪一个实体是机器，只可以通过一个类似终端的文本设备与他们联系。然后，让询问者仅根据通过这个仪器提问收到的答案辨别出哪个是计算机，哪个是人。如果询问者不能区别出机器和人，那么根据图灵的理论，就可以认为这个机器是智能的。

图 4-1　图灵测试

图灵测试具有直观上的吸引力，成为许多现代人工智能系统评价的基础。如果一个系统已经有可能在某个专业领域实现了智能，那么可以通过把它对一系列给定问题的反应与人类专家的反应相比较来对其进行评估。

图灵测试也引发了很多争议，其中最著名的是塞尔（Searle J）的"中文屋论证"。塞尔设想自己被锁在一间屋子里，给了他大批的中文文本，塞尔本人对中文一窍不通，既不会写也不会说，甚至也不能将中文文本与日文中的汉字和平假名/片假名一样的图形相区别。这时他又得到了与这个中文文本相联系的英文规则书，由于塞尔的母语是英文，所以他认为自己可以轻易地理解并把握这本规则书。接下来，塞尔将接收到屋外传来的英文指令和中文问题，指令教他怎样将规则书与中文文本联系起来，得到答案。当塞尔对规则书和脚本足够熟悉的时候，就可以熟练地输出处理编写后的中文答案。一般人也难以区分塞尔与母语讲中文的人，但是事实上，塞尔认为整个过程中他根本不懂、不理解中文，只是执行规则书上的"程序"。这种行为在中国人看来与计算机用中文作答没有什么区别，但却成功地通过了图灵测试，并不具有理解中文的智能。基于这一点，塞尔认为，即使机器通过了图灵测试，也不一定说明机器就真的像人一样有思维和意识。

二、类人思维方法

1978 年，贝尔曼（Bellman RE）提出人工智能是那些与人的思维、决策、问题求解和学习等有关活动的自动化。主要采用的是认知模型的方法——关于人类思维工作原理的可检测的理论。为确定人类思维的内部怎样工作，可以有两种方法：通过内省或者通过心理学实验。一旦有了关于人类思维足够精确的理论，就可能把这种理论用计算机程序实现。如果该程序的输入/输出和实时行为与人的行为相一致，这就证明该程序可能按照人类模式运行。例如，纽厄尔和西蒙开发了"通用问题求解器"GPS。他们并不满足于仅让程序能够正确地求解问题，而是更关心对程序的推理步骤轨迹与人对同一个问题的求解步骤的比较。作为交叉学科的认知科学，把来自人工智能的计算机模型与来自心理学的实验技术相结合，试图创立一种精确而且可检验的人类思维工作方式理论。

20 世纪 50 年代末，在对神经元的模拟中提出了用一种符号来标记另一些符号的存储结构模型，这是早期的记忆块（Chunks）概念。80 年代初，纽厄尔（Newell A）认为，通过获取任务环境中关于模型问题的知识，可以改进系统的性能，记忆块可以作为对人类行为进行模拟的模型基础。通过观察问题求解过程，获取经验记忆块，用其代替各个子目标中的复杂过程，可以明显提高系统求解的速度。由此奠定了经验学习的基础。1987 年，纽厄尔、莱尔德（Laird J）和罗森布鲁姆（Rosenbloom PS）提出了一个通用解题结构 SOAR，并希望该解题结构能实现各种弱方法。SOAR 是 State，Operator and Result 的缩写，即状态、算子和结果之意，意味着实现弱方法的基本原理是不断地用算子作用于状态，以得到新的结果。SOAR 是一种理论认知模型，它既从心理学角度，对人类认知建模，又从知识工程角度，提出一个通用解题结构。SOAR 的学习机制是由外部专家的指导来学习一般的搜索控制知识。外部指导可以是直接劝告，也可以是给出一个直观的简单问题。系统把外部指导给定的高水平信息转化为内部表示，并学习搜索记忆块。

三、理性思维方法

1985 年，查尼艾克（Charniak E）和麦克德莫特（McDermott D）提出人工智能是用计算模型研究智力能力。这是一种理性思维方法。一个系统如果能够在它所知范围内正确行事，它就是理性的。古希腊哲学家亚里士多德（Aristotle）是首先试图严格定义"正确思维"的人之一，他将其定义为不能辩驳的推理过程。他的三段论方法给出了一种推理模式，当已知前提正确时总能产生正确的结论。例如，专家系统是推理系统，所有的推理系统都是智能系统，所以专家系统是智能系统。这些思维法则被认为支配着心智活动，对它们的研究创立了"逻辑学"研究领域。

19 世纪后期至 20 世纪早期发展起来的形式逻辑给出了描述事物的语句以及事物之间关系的精确的符号。到了 1965 年，原则上已经有程序可以求解任何用逻辑符号描述的可解问题。在人工智能领域中，传统上所谓的逻辑主义希望通过编制逻辑程序来创建智能系统。这种逻辑方法有两个主要问题。首先，把非形式的知识用形式的逻辑符号表示不容易做到，特别是当这些知识不是 100% 确定的时候。其次，"原则上"可以解决一个问题与实际解决问题之间有很大的不同。甚至对于仅有几十条事实的问题进行求解，如果没有一定的指导来选择合适的推理步骤，都可能耗尽任何计算机的资源。

四、理性行为方法

尼尔森（Nilsson NJ）认为，人工智能关心的是人工制品中的智能行为。这种人工制品主要指能够动作的智能体（Agent）。行为上的理性指的是已知某些信念，执行某些动作以达到某个目标。智能体可以看作是可以进行感知和执行动作的某个系统。在这种方法中，人工智能可以认为就是研究和建造理性智能体。

在"理性思维"方法中，它所强调的是正确的推理。做出正确的推理有时被作为理性智能体的一部分，因为理性行动的一种方法是逻辑地推出结论。另外，正确的推理并不是理性的全部，因为在有些情景下，往往没有某个行为一定正确，而其他的是错误的，也即没有可以证明是正确的应该做的事情，但是还必须要做某件事情。

当知识是完全的，并且资源是无限的时候，就是所谓的逻辑推理。当知识是不完全的，或者资源有限时，就是理性的行为。理性思维和行为常常能够根据已知的信息（知识、时间和资源等）做出最合适的决策。简言之，人工智能主要研究用人工的方法和技术，模仿、延伸和扩展人的智能，实现机器智能。人工智能的长期目标是实现达到人类智力水平的人工智能。

第二节　人工智能的起源与发展

人类对智能机器的梦想和追求可以追溯到三千多年前。早在我国西周时代（公元前1066—前771年），就流传有关巧匠偃师献给周穆王艺伎的故事。东汉（25—220年）张衡发明的指南车是世界上最早的机器人雏形。

古希腊斯吉塔拉人亚里士多德（公元前384—前322年）的《工具论》，为形式逻辑奠定了基础。布尔（Boole）创立的逻辑代数系统，用符号语言描述了思维活动中推理的基本法则，被后世称为"布尔代数"。这些理论基础对人工智能的创立发挥了重要作用。

人工智能的发展历史，可大致分为孕育期、形成期、基于知识的系统、神经网络的复兴和智能体的兴起。

一、人工智能的孕育期（1956年以前）

人工智能的孕育期大致可以认为是在1956年以前的时期。这一时期的主要成就是数理逻辑、自动机理论、控制论、信息论、神经计算和电子计算机等学科的建立和发展，为人工智能的诞生，准备了理论和物质的基础。这一时期的主要贡献包括：

（1）1936年，图灵创立了理想计算机模型的自动机理论，提出了以离散量的递归函数作为智能描述的数学基础，给出了基于行为主义的测试机器是否具有智能的标准，即图灵测试。

（2）1943年，心理学家麦克洛奇（McCulloch WS）和数理逻辑学家皮兹（Pitts W）在《数学生物物理公报（Bulletin of Mathematical Biophysics）》上发表了关于神经网络的数学模型［McCullochet, al.1943］。这个模型，现在一般称为M-P神经网络模型。他们总结了神经元的一些基本生理特性，提出神经元形式化的数学描述和网络的结构方法，从此开创了神经计算的时代。

（3）1945年，冯·诺依曼（von Neumann J）提出的存储程序概念，1946年研制成功的第一台电子计算机 ENIAC，为人工智能的诞生奠定了物质基础。

（4）1948 年，香农发表了《通信的数学理论》[Shannon1948]，这标志着一门新学科——信息论的诞生。他认为人的心理活动可以用信息的形式来进行研究，并提出了描述心理活动的数学模型。

（5）1948 年，维纳（Wiener N）创立了控制论（Wiener，1948）。它是一门研究和模拟自动控制的生物和人工系统的学科，标志着人们根据动物心理和行为科学进行计算机模拟研究和分析的基础已经形成。

二、人工智能的形成期（1956—1969 年）

人工智能的形成期大约从 1956 年开始到 1969 年。这一时期的主要成就包括 1956 年在美国的达特茅斯（Dartmouth）大学召开的为期两个月的学术研讨会，提出了"人工智能"这一术语，标志着这门学科的正式诞生；还有包括在定理机器证明、问题求解、LISP 语言、模式识别等关键领域的重大突破。这一时期的主要贡献包括以下内容。

（1）1956 年纽厄尔和西蒙的"逻辑理论家"程序，该程序模拟了人们用数理逻辑证明定理时的思维规律。该程序证明了怀特海德（White head）和卢素（Russell）的《数学原理》一书中第二章中的 38 条定理，后来经过改进，又于 1963 年证明了该章中的全部 52 条定理。

这一工作受到了人们高度的评价，被认为是计算机模拟人的高级思维活动的一个重大成果，是人工智能的真正开端。

（2）1956 年塞缪尔（Samuel）研制了跳棋程序，该程序具有学习功能，能够从棋谱中学习，也能在实践中总结经验，提高棋艺。它在 1959 年打败了塞缪尔本人，又在 1962 年打败了美国一个州的跳棋冠军。这是模拟人类学习过程的一次卓有成效的探索，是人工智能的一个重大突破。

（3）1958 年麦卡锡提出表处理语言 LISP，它不仅可以处理数据，而且可以方便地处理符号，成为人工智能程序设计语言的重要里程碑。目前，LISP 语言仍然是人工智能系统重要的程序设计语言和开发工具。

（4）1960 年，纽厄尔、肖（Shaw）和西蒙等研制了通用问题求解程序 CPS，它是对人们求解问题时的思维活动的总结。他们发现人们求解问题时的思维活动包括三个步骤：①制订出大致的计划；②根据记忆中的公理、定理和解题计划，按计划实施解题过程；③在实施解题过程中，不断进行方法和目的的分析，修正计划。其中他们首次提出了启发式搜索的概念。

（5）1965 年，鲁宾逊（Robinson J A）提出归结法，被认为是一个重大的突破，也为定理证明的研究带来了又一次高潮。

（6）1968 年，斯坦福大学费根鲍姆（Feigenbaum E A）等研制成功了化学分析专家系统 DENDRAL，被认为是专家系统的萌芽，是人工智能研究从一般思维探讨到专门知识应用的一次成功尝试。

（7）知识表示采用了奎廉（Quillian J R）提出的特殊的结构：语义网络。明斯基在

1968年从信息处理的角度对语义网络的使用做出了很大的贡献。

此外，还有很多其他的成就，如1956年乔姆斯基（Chomsky N）提出的文法体系等。正是这些成就，使得人们对这一领域寄予了过高的希望。1958年，卡耐梅隆大学（CMU）的西蒙预言，不出10年计算机将会成为国际象棋的世界冠军，但是一直到了1998年这一预言才成为现实。20世纪60年代，麻省理工学院（MIT）一位教授提到："在今年夏天，我们将开发出电子眼。"然而，直到今天，仍然没有通用的计算机视觉系统可以很好地理解动态变化的场景。70年代，很多人相信大量的机器人很快就会从工厂进入家庭。直到今天，服务机器人才开始进入家庭。

三、低潮时期（1966—1973年）

人工智能快速发展了一段时期后，遇到了很多困难，遭受了很多挫折，如鲁宾逊的归结法的归结能力有限，证明两个连续函数之和还是连续函数时，推了十万步还没有推出来。

人们曾以为只要用一部字典和某些语法知识即可很快地解决自然语言之间的互译问题，结果发现并不那么简单，甚至闹出笑话，如英语句子：The spirit is willing, but the flesh is weak.（心有余而力不足），译成俄语再译成英语竟成了：The wine is good but the meat is spoiled.（酒是好的，肉变质了）。这里遇到的问题是单词的多义性问题。那么，人类翻译家为什么可以翻译好这些句子呢，而机器为什么不能呢？他们的差别在哪里呢？主要原因在于翻译家在翻译之前首先要理解这个句子，但机器不能，它只是靠快速检索、排列词序等一套办法进行翻译，并不能"理解"这个句子，所以错误在所难免。1966年，美国国家研究委员会一份顾问委员会的报告指出"还不存在通用的科学文本机器翻译，也没有很近的实现前景"。所有美国政府资助的学术性翻译项目都被取消。

罗森布拉特（Rosenblatt F）于1957年提出了感知器，它是一个具有一层神经元、采用阈值激活函数的前向网络。通过对网络权值的训练，可以实现对输入矢量的分类。感知器收敛定理使罗森勃拉特的工作取得圆满的成功。20世纪60年代，感知器神经网络好像可以做任何事。1969年，明斯基和佩王自特（Papert）合写的《感知器》书中，利用数学理论证明了单层感知器的局限性，引起全世界范围削减神经网络和人工智能的研究经费，使得人工智能走向低谷。

四、基于知识的系统（1969—1988年）

1965年，斯坦福大学的费根鲍姆和化学家勒德贝格（Lederberg）合作研制出DENDRAL系统。1972—1976年，费根鲍姆又成功开发出医疗专家系统MYCIN。此后，许多著名的专家系统相继研发成功，其中较具代表性的有探矿专家系统PROSPECTOR、青光眼诊断治疗专家系统CASNET、钻井数据分析专家系统ELAS等。20世纪80年代，专家系统的开发趋于商品化，创造了巨大的经济效益。

1977年，美国斯坦福大学计算机科学家费根鲍姆在第五届国际人工智能联合会议上提出知识工程的新概念。他认为，"知识工程是人工智能的原理和方法，对那些需要专家知识才能解决的应用难题提供求解的手段。恰当运用专家知识的获取、表达和推理过程的构成与解释，是设计基于知识的系统的重要技术问题。"知识工程是一门以知识为研究对象的学科，它将具体智能系统研究中那些共同的基本问题抽取出来，作为知识工程的核心内容，使之成为指导具体研制各类智能系统的一般方法和基本工具。

知识工程的兴起，确立了知识处理在人工智能学科中的核心地位，使人工智能摆脱了纯学术研究的困境，使人工智能的研究从理论转向应用，从基于推理的模型转向知识的模型，使人工智能的研究走向了实用。

为适应人工智能和知识工程发展的需要，日本在 1981 年宣布了第五代电子计算机的研制计划。其研制的计算机的主要特征是具有智能接口、知识库管理和自动解决问题的能力，并在其他方面具有人的智能行为。由于这一计划的提出，形成了一股热潮，促使世界上重要的国家都开始制订对新一代智能计算机的开发和研制计划，使人工智能进入了一个基于知识的兴旺时期。

五、神经网络的复兴（1986 年至今）

1982 年，美国加州工学院物理学家霍普菲尔德（Hopfield J J）使用统计力学的方法来分析网路的存储和优化特性，提出了离散的神经网络模型，从而有力地推动了神经网络的研究。1984 年霍普菲尔德又提出了连续神经网络模型。

20 世纪 80 年代神经网路复兴的真正推动力是反向传播算法的重新研究。该算法最早由 Bryson 和 Ho 于 1969 年提出。1986 年，鲁梅尔哈特（Rumelhart D E）和麦克莱伦德（McClelland J L）等提出并行分布处理（Parallel Distributed Processing，PDP）的理论，致力于认知的微观结构的探索，其中多层网络的误差传播学习法，即反向传播算法广为流传，引起人们极大的兴趣。世界上许多国家掀起了神经网络研究的热潮。从 1985 年开始，专门讨论神经网络的学术会议规模逐步扩大。1987 年在美国召开了第一届神经网络国际会议，并发起成立国际神经网络学会（INNS）。

六、智能体的兴起（1993 年至今）

20 世纪 90 年代，随着计算机网络、计算机通信等技术的发展，关于智能体（Agent）的研究成为人工智能的热点。1993 年，肖哈姆（Shoham Y）提出面向智能体的程序设计 [Shoham1993]。1995 年，罗素（Russell S）和诺维格（Norvig P）出版了《人工智能》一书，提出"将人工智能定义为对从环境中接收感知信息并执行行动的智能体的研究"。所以，智能体应该是人工智能的核心问题。斯坦福大学计算机科学系的海斯 – 罗斯（Hayes-Roth B）在特约报告中谈道："智能体既是人工智能最初的目标，也是人工智能最终的目标"。

在人工智能研究中，智能体概念的回归并不仅是因为人们认识到了应该把人工智能各个领域的研究成果集成为一个具有智能行为概念的"人"，更重要的原因是人们认识到了人类智能的本质是一种社会性的智能。要对社会性的智能进行研究，构成社会的基本构件"人"的对应物"智能体"理所当然地成为人工智能研究的基本对象，而社会的对应物"多智能体系统"也成为人工智能研究的基本对象。

我国的人工智能研究起步较晚。智能模拟纳入国家计划的研究始于1978年。1984年召开了智能计算机及其系统的全国学术讨论会。1986年起把智能计算机系统、智能机器人和智能信息处理（含模式识别）等重大项目列入国家高技术研究863计划。1997年起，又把智能信息处理、智能控制等项目列入国家重大基础研究973计划。进入21世纪后，在最新制订的《国家中长期科学和技术发展规划纲要（2006-2020年）》中，"脑科学与认知科学"已列入八大前沿科学问题之一。信息技术将继续向高性能、低成本、普适计算和智能化等主要方向发展，寻求新的计算与处理方式和物理实现是未来信息技术领域面临的重大挑战。

1981年起，我国相继成立了中国人工智能学会（CAAI）、全国高校人工智能研究会、中国计算机学会人工智能与模式识别专业委员会、中国自动化学会模式识别与机器智能专业委员会、中国软件行业协会人工智能协会、中国计算机视觉与智能控制专业委员会以及中国智能自动化专业委员会等学术团体。1989年首次召开了中国人工智能联合会议（CJCAI）。1987年创刊了《模式识别与人工智能》杂志。2006年创刊了《智能系统学报》和《智能技术》杂志，后创刊了《International Journal of Intelligence Science》国际刊物。

中国的科技工作者已在人工智能领域取得了具有国际领先水平的创造性成果。其中，尤以吴文俊院士关于几何定理证明的"吴氏方法"最为突出，已在国际上产生重大影响，并荣获2001年国家科学技术最高奖励。现在，我国已有数以万计的科技人员和大学师生从事不同层次的人工智能研究与学习。人工智能研究已在我国深入开展，它必将为促进其他学科的发展和我国的现代化建设做出新的重大贡献。

第三节　人工智能研究的主内容

人工智能是一门新兴的边缘学科，是自然科学和社会科学的交叉学科，它吸取了自然科学和社会科学的最新成果，以智能为核心，形成了具有自身研究特点的新的体系。人工智能的研究涉及广泛的领域，包括知识表示、搜索技术、机器学习、求解数据和知识不确定问题的各种方法等。人工智能的应用领域包括专家系统、博弈、定理证明、自然语言理解、图像理解和机器人等。人工智能也是一门综合性的学科，它在控制论、信息论和系统论的基础上诞生，涉及哲学、心理学、认知科学、计算机科学、数学以及各种工程学方法，这些学科为人工智能的研究提供了丰富的知识和研究方法。如图4-2所示，给出了和人工智能有关的学科以及人工智能的研究和应用领域的简单图示。

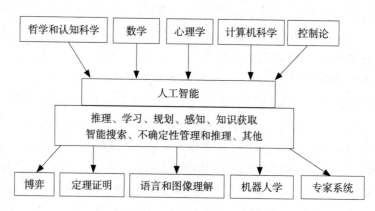

图 4-2　人工智能的研究和应用

一、认知建模

美国心理学家休斯敦（Houston P T）等把认知归纳为如下 5 种类型：

（1）认知是信息的处理过程。

（2）认知是心理上的符号运算。

（3）认知是问题求解。

（4）认知是思维。

（5）认知是一组相关的活动，如知觉、记忆、思维、判断、推理、问题求解、学习、想象、概念形成和语言使用等。

人类的认知过程非常复杂，建立认知模型的技术常称为认知建模，目的是为了从某些方面探索和研究人的思维机制，特别是人的信息处理机制，同时也为设计相应的人工智能系统提供新的体系结构和技术方法。认知科学用计算机研究人的信息处理机制时表明，在计算机的输入和输出之间存在着由输入分类、符号运算、内容存储与检索、模式识别等方面组成的实在的信息处理过程。尽管计算机的信息处理过程和人的信息处理过程有实质性差异，但可以由此得到启发，认识到人在刺激和反应之间也必然有一个对应的信息处理过程，这个实在的过程只能归结为意识过程。计算机的信息处理和人的信息处理在符号处理这一点的相似性是人工智能名称由来和它赖以实现和发展的基点。信息处理也是认知科学与人工智能的联系纽带。

二、知识表示

人类的智能活动过程主要是一个获得并运用知识的过程，知识是智能的基础。人们通过实践，认识到客观世界的规律性，经过加工整理、解释、挑选和改造而形成知识。为了使计算机具有智能，使它能模拟人类的智能行为，就必须使它具有适当形式表示的知识。知识表示是人丁智能中一个十分重要的研究领域。

所谓知识表示实际上是对知识的一种描述，或者是一组约定，一种计算机可以接受的用于描述知识的数据结构。知识表示是研究机器表示知识的可行的、有效的、通用的原则和方法。知识表示问题一直是人工智能研究中最活跃的部分之一。目前，常用的知识表示方法有逻辑模式、产生式系统、框架、语义网络、状态空间、面向对象和连接主义等。

三、自动推理

从一个或几个已知的判断（前提）逻辑地推论出一个新的判断（结论）的思维形式称为推理，这是事物的客观联系在意识中的反映。自动推理是知识的使用过程，人解决问题就是利用以往的知识，通过推理得出结论。自动推理是人工智能研究的核心问题之一。

按照新的判断推出的途径来划分，自动推理可分为演绎推理、归纳推理和反绎推理。演绎推理是一种从一般到个别的推理过程。演绎推理是人工智能中的一种重要的推理方式，目前研制成功的智能系统中，大多用演绎推理实现。

与演绎推理相反，归纳推理是一种从个别到一般的推理过程。归纳推理是机器学习和知识发现的重要基础，是人类思维活动中最基本、最常用的一种推理形式。顾名思义，反绎推理是由结论倒推原因。在反绎推理中，我们给定规则 $p \to q$ 和 q 的合理信念。然后，希望在某种解释下得到谓词 p 为真。反绎推理不可靠，但由于 q 的存在，它又被称为最佳解释推理。

按推理过程中推出的结论是否单调地增加，推理又分为单调推理和非单调推理。其单调含义是指已知为真的命题数目随着推理的进行而严格地增加。在单调逻辑中，新的命题可以加入系统，新的定义可以被证明，并且这种加入和证明决不会导致前面已知的命题或已证的命题变成无效。在本质上人类的思维及推理活动并不单调。人们对周围世界中的事物的认识、信念和观点，总是处于不断调整之中。例如，根据某些前提推出某一结论，但当人们又获得另外一些事实后，却又取消这一结论。在这种情况下，结论并不随着条件的增加而增加，这种推理过程就是非单调推理。非单调推理是人工智能自动推理研究的成果之一。1978 年，赖特（Reiter R）首先提出了非单调推理方法封闭世界假设（CWA），并提出了默认推理。1979 年，杜伊尔（Doyle）建立了真值维护系统 TMS。1980 年，麦卡锡提出了限定逻辑。

在现实世界中存在大量不确定问题。不确定性来自人类的主观认识与客观实际之间存在差异。事物发生的随机性，人类知识的不完全、不可靠、不精确和不一致，自然语言中存在的模糊性和歧义性都反映了这种差异，都会带来不确定性。针对不同的不确定性的起因，人们提出了不同的理论和推理方法。在人工智能中，有代表性的不确定性理论和推理方法有 Bayes 理论、Dempster-Shafer 证据理论和 Zadeh 模糊集理论等。

搜索是人工智能的一种问题求解方法，搜索策略决定着问题求解的一个推理步骤中知识被使用的优先关系。可分为无信息导引的盲目搜索和利用经验知识导引的启发式搜索。启发式知识常由启发式函数来表示，启发式知识利用得越充分，求解问题的搜索空间就越小，解题效率越高。典型的启发式搜索方法有 A^*、AO^* 算法等。近几年，搜索方法研究开始注意那些具有百万节点的超大规模的搜索问题。

四、机器学习

机器学习是研究计算机怎样模拟或实现人类的学习行为，以获取新的知识或技能，重新组织已有的知识结构，使之不断改善自身的性能。只有让计算机系统具有类似人的学习能力，才有可能实现人类水平的人工智能。机器学习是人工智能研究的核心问题之一，是当前人工智能理论研究和实际应用非常活跃的研究领域。

常见的机器学习方法有归纳学习、类比学习、分析学习、强化学习、遗传算法和连接学习等。深度学习是机器学习研究中的一个新的领域，其概念由欣顿（Hinton G E）等人于 2006 年提出，它模仿人脑神经网络进行分析学习的机制来解释图像、声音和文本的数据。2015 年，百度利用超级计算机 Minwa 在测试 ImageNet 中取得了世界最好成绩，错误率仅为 4.58%，刷新了图像识别的纪录。机器学习研究的任何进展，都将促进人工智能水平的提高。

第五章 人工智能中的自动推理技术研究

第一节 引言

判定程序，使得在有限时间内判定出一个公式是有效的或者无效的。对于一阶逻辑公式，其解释的个数通常是任意多个，丘奇（Church A）和图灵在1936年证明了不存在判定公式是否有效的通用程序。但是，他们证明了如果一阶逻辑公式有效，则存在通用程序可以验证它是有效的，对于无效的公式这种通用程序一般不能终止。

1930年，埃尔布朗为定理证明建立了一种重要方法，他的方法奠定了机器定理证明的基础。开创性的工作是西蒙和纽厄尔的Logic Theorist。机器定理证明的主要突破是1965年由鲁宾逊取得的，他建立了所谓归结原理，使机器定理证明达到了应用阶段。归结法推理规则简单，而且在逻辑上完备，因而成为逻辑式程序设计语言Prolog的计算模型。后来又出现了自然演绎法和等式重写式等。这些方法在某些方面优于归结法，但它们本质上都存在组合问题，都受到难解性的制约。

从任何一个实用系统来说，总存在着很多非演绎的部分，因而导致了各种各样推理算法的兴起，并削弱了企图为人工智能寻找一个统一的基本原理的观念。从实际的观点来看，每一种推理算法都遵循其特殊的、与领域相关的策略，并倾向于使用不同的知识表示技术。从另一方面来说，如果能找到一个统一的推理理论，当然很有用。人工智能理论研究的一个很强的推动力就是要设法寻找更为普遍的、统一的推理算法。

若按推理过程中推出的结论是否单调地增加，或者说推出的结论是否越来越接近最终目标来划分，推理又可以分为单调推理和非单调推理。所谓单调推理是指在推理过程中随着推理的向前推进以及新知识的加入，推出的结论呈单调增加的趋势，并且越来越接近最终目标，在推理过程中不会出现反复的情况，即不会由于新知识的加入否定了前面推出的结论，从而使推理又退回到前面的某一步。本章讨论的基于经典逻辑的归结推理过程就属于单调性推理。

所谓非单调推理是指在推理过程中由于新知识的加入，不仅没有加强已推出的结论，反而要否定它，使得推理退回到前面的某一步，重新开始。非单调推理是在知识不完全被掌握的情况下发生的。由于知识不完全被掌握，为使推理进行下去，就要先做某些假设，并在此基础上进行推理，当以后由于新知识的加入发现原先的假设不正确时，就需要推翻该假设以及基于此假设而推出的一切结论，再用新知识重新进行推理。显然前面所说的默认推理是非单调推理，在日常生活和社会实践中，很多情况下进行的推理也都是非单调推理，这是人们常用的一种思维方式。非单调推理是人工智能研究的重要成果之一，将在本章最后讨论。

在现实世界中存在大量不确定问题。不确定性来自人类的主观认识与客观实际之间存在差异。事物发生的随机性，人类知识的不完全、不可靠、不精确和不一致，自然语言中存在的模糊性和歧义性都反映了这种差异，都会带来不确定性。针对不同的不确定性的起因，人们提出了不同的理论和推理方法。在人工智能和知识工程中，有代表性的不确定性理论和推理方法有如下几种：

概率论被广泛地用于处理随机性以及人类知识的不可靠性。贝叶斯理论被成功地用在PROSPECTOR专家系统中，但是它要求给出假设的先验概率。在MYCIN中采用确信度方法是一种简单有效的方法。它采用了一些简单直观的证据合并规则。其缺点是缺乏良好的理论基础。

德姆斯特（Dempster A P）和莎弗（Shafer G）提出了证据理论。该理论引进了信任函数的概念，对经典概率加以推广，规定信任函数满足比概率函数的公理更弱的公理，因此信任函数可以用作概率函数的超集。利用信任函数，人们无须给出具体的概率值，而只需要根据已有的领域知识就能对事件的概率分布加以约束。证据理论有坚实的理论基础，但是它的定义和计算过程比较复杂。近年来，证据理论逐步引起人们的注意，出现了一些更加深入的研究成果和实用系统。例如，扎德（Zadeh L A）把证据理论的信任函数解释为二阶关系，并在关系数据库中找到了它的应用。

1965年扎德提出模糊集理论，以此为基础出现了一系列研究成果，主要有模糊逻辑、模糊决策和可能性理论。扎德为了运用自然语言进行推理，对自然语言中的模糊概念进行了量化描述，提出了语言变量、语言值和可能性分布的概念，建立了可能性理论和近似推理方法，引起了许多人的研究兴趣。模糊数学已广泛应用于专家系统和智能控制中，人们还研制出模糊计算机。我国学者在理论研究和应用方面均做了大量工作，引起国际学术界的关注。同时，这一领域仍然有许多理论问题没有解决，而且也存在不同的看法和争议，例如，模糊数学的基础是什么？模糊逻辑的一致性和完全性问题。今后不确定推理的研究重点可能会集中在以下三个方面：一是解决现有处理不确定性的理论中存在的问题；二是大力研究人类高效、准确的识别能力和判断机制，开拓新的处理不确定性的理论和方法；三是探索可以综合处理多种不确定性的方法和技术。

证明定理是人类特殊的智能行为，不仅需要根据假设进行逻辑演绎，而且需要某些直觉技巧。机器定理证明就是把人证明定理的过程通过一套符号体系加以形式化，变成一系列能在计算机上自动实现的符号演算过程，也即把具有智能特点的推理演绎过程机械化。

中国科学院系统科学研究所吴文俊教授提出的平面几何及微分几何的判定法，得到了国内外高度评价。

第二节　三段论推理

三段论是一种常用的推理形式，它由三个性质命题组成，其中两个性质命题是前提，另一个性质命题是结论。例如：

（1）所有的推理系统都是智能系统。

（2）专家系统是推理系统。

（3）所以，专家系统是智能系统。

这就是一个三段论推理的例子。它由三个简单性质命题（1）、（2）和（3）组成。（1）与（2）是前提，（3）是结论。三段论包含三个不同的概念，分别称为大项、小项与中项。大项就是作为结论的谓项的那个概念，用 P 表示。小项就是作为结论的主项的那个概念，用 S 表示。中项就是在两个前提中都出现的那个概念，用 M 表示。上例中"智能系统"是大项，"专家系统"是小项，"推理系统"是中项。

由于大项、中项与小项在前提中位置不同而形成各种不同的三段论形式，称为三段论的格。也可以认为是由于中项在前提中位置不同而形成的各种三段论形式。任何一个三段论推理都有其自身的格、式结构。在古典三段论中，四种可能的格如表5-1所示。前面所举的例子属于第一格的三段论。

表5-1　三段论推理中四种可能的格

第一格	第二格	第三格	第四格
M-P	P-M	M-P	P-M
S-M	S-M	M-S	M-S
所以，S-P	所以，S-P	所以，S-P	所以，S-P

三段论的式是指构成前提和结论的命题的质、量的不同而形成的不同形式的三段论。命题的质是指该命题的肯定或否定的性质；命题的量是指命题中的量项是全称的还是特称的。所谓全称是指对某项进行界定时包含事物的全部；所谓特称是指对某项进行界定时只包含事物的部分。由质和量的结合就构成四种命题形式：

（1）全称肯定命题，通常用字母 A 来表示，其语言表达形式为"所有的……都是……"。

（2）全称否定命题，通常用字母 E 表示，其语言表达形式为"所有的……都不是……"。

（3）特称肯定命题，通常用字母 I 表示，其语言表达形式为"有些……是……"。

（4）特称否定命题，通常用字母 O 来表示，其语言表达形式为"有些……不是……"

上述 A、E、I、O 四种命题在 2 个前提、1 个结论中的各种不同组合的形式就称为三段论的式。例如，大小前提和结论都是由全称肯定命题所构成，则这种三段论就是 AAA 式三段论；如果大前提是全称肯定命题，小前提和结论是特称肯定命题，就叫作 AII 式三段论。

在三段论中，大小前提以及结论都可能是 A、E、I、O 四种命题。因此，按前提和结论的质、量不同排列，可有 4×4×4=64 种式。每种式又可能有 4 种不同的格。结合式和格，则共有 64×4=256 种可能的三段论推理格、式的结合。但是，根据形式逻辑的有关定理，能推出正确结论的格、式只有 24 种。根据现代逻辑理论，去掉弱式（指能得出全称结论却得出特称结论的三段论推理）和考虑反映空类和全类等因素，则只有 15 种有效式。如果推理者在推理时，认为无效的推理格、式中所推出的结论正确，就要犯逻辑推理错误。

第三节　盲目搜索

在人工智能中，对于给定的问题，智能系统的行为一般是找到能够达到所希望目标状态的动作序列，并使其所付出的代价最小，性能最好。基于给定的问题，问题求解的第一步是目标的表示，搜索就是找到动作序列的过程。搜索算法的输入是给定的问题，输出是表示为动作序列的方案。一旦有了该方案，就可以执行该方案所给出的动作。这一阶段称为执行阶段。因此，求解一个问题主要包括三个阶段：目标表示、搜索和执行。

一般给定问题就是确定该问题的一些基本信息，一个问题由以下 4 部分组成：

（1）初始状态集合：定义了初始的环境。

（2）操作符集合：把一个问题从一个状态变换为另一个状态的动作。

（3）目标检测函数：用来确定一个状态是否为目标。

（4）路径费用函数：对每条路径赋予一定费用的函数。

其中初始状态集合和操作符集合定义了问题的搜索空间。

搜索问题一般包括两个重要的问题：搜索什么和在哪里搜索。搜索什么通常指的就是目标，而在哪里搜索就是"搜索空间"。搜索空间通常是指一系列状态的汇集，因此称为状态空间。和通常的搜索空间不同，人工智能中大多数问题的状态空间在问题求解之前不是全部知道的。所以，人工智能中的搜索可以分成两个阶段：状态空间的生成阶段；在该状态空间中对所求解问题状态的搜索。由于一个问题的整个空间可能会非常大，在搜索之前生成整个空间会占用太大的存储空间。为此，状态空间一般是逐渐扩展的，"目标"状态在每次扩展的时候进行搜索。

一般搜索可以根据是否使用启发式信息分为盲目搜索和启发式搜索，也可以根据问题的表示方式分为状态空间搜索和与或树搜索。状态空间搜索是指用状态空间法来求解问题所进行的搜索。与或树搜索是指用问题归约方法来求解问题时所进行的搜索。状态空间法和问题归约法是人工智能中最基本的两种问题求解方法，状态空间表示法和与或树表示法则是人工智能中最基本的两种问题表示方法。

盲目搜索一般是指从当前的状态到目标状态需要走多少步或者每条路径的花费并不知道，所能做的只是可以区分出哪个是目标状态。因此，它一般是按预定的搜索策略进行搜索。由于这种搜索总是按预定的路线进行，没有考虑到问题本身的特性，所以这种搜索具有很大的盲目性，效率不高，不便于复杂问题的求解。启发式搜索是在搜索过程中加入了与问题有关的启发性信息，用于指导搜索朝着最有希望的方向前进，加速问题的求解并找到最优解。显然盲目搜索不如启发式搜索效率高，但是由于启发式搜索需要和问题本身特性有关的信息，而对于很多问题这些信息很少，或者根本就没有，或者很难抽取，所以盲目搜索仍然是很重要的搜索策略。

在搜索问题中，主要的工作是找到正确的搜索策略。一般搜索策略可以通过下面4个准则来评价：

（1）完备性：如果存在一个解答，该策略是否保证能够找到？

（2）时间复杂性：需要多长时间可以找到解答？

（3）空间复杂性：执行搜索需要多大存储空间？

（4）最优性：如果存在不同的几个解答，该策略是否可以发现最高质量的解答？

搜索策略反映了状态空间或问题空间扩展的方法，也决定了状态或问题的访问顺序。搜索策略的不同，人工智能中的搜索问题的命名也不同。例如，考虑一个问题的状态空间为一棵树的形式。如果根节点首先扩展，然后是扩展根节点生成的所有节点，再就是这些节点的后继，如此反复下去。这种策略称为宽度优先搜索。另一种方法是，在树的最深一层的节点中扩展一个节点。只有当搜索遇到一个死亡节点（非目标节点并且是无法扩展的节点）的时候，才返回上一层选择其他的节点搜索。这种策略称为深度优先搜索。无论是宽度优先搜索还是深度优先搜索，遍历节点的顺序一般都固定，即一旦搜索空间给定，节点遍历的顺序就固定。这种类型的遍历称为"确定性"，也就是盲目搜索。而对于启发式的搜索，在计算每个节点的参数之前无法确定先选择哪个节点扩展，这种搜索一般也称为非确定的。

一、深度优先搜索

深度优先搜索生成节点并与目标节点进行比较是沿着树的最大深度方向进行的，只有当上次访问的节点不是目标节点，而且没有其他节点可以生成的时候，才转到上次访问节点的父节点。转移到父节点后，该算法会搜索父节点的其他子节点。因此，深度优先搜索也称为回溯搜索，它总是首先扩展树的最深层次上的某个节点，只有当搜索遇到一个死亡节点（非目标节点，而且不可扩展），搜索方法才会返回并扩展浅层次的节点。上述原理对树中每一节点是递归实现的，实现该递归过程的比较简单的一种方法是采用钱。下面的方法就是基于核实现的深度优先搜索算法。

算法 5.1 深度优先搜索算法

Procedure Depth First Search

Begin

（1）将初始节点压入钱，并设置楼顶指针。

（2）While 钱不空白。

Begin

弹出栈顶元素；

If 栈顶元素 = goal，成功返回并结束；

Else 以任意次序把栈顶元素的子女压入栈中；

End while

End.

在上述算法中，初始节点放到栈中，枝指针指向栈的最上边的元素。为了对该节点进行检测，需要从战中弹出该节点，如果是目标，该算法结束，否则把其子节点以任何顺序压入栈中。该过程运行直到枝变为空为止。

（一）空间复杂性

深度优先搜索对内存的需求比较适中。它只需要保存从根到叶的单条路径，包括在这条路径上每个节点的未扩展的兄弟节点。当搜索过程到达最大深度时，所需要的内存最大。假定每个节点的分支系数为 b，当考虑一个深度为 d 的节点时，保存在内存中的节点的数量包括到达深度 d 时所有未扩展的节点以及正在被考虑的节点。因此，在每个层次上都有（$b-1$）个未扩展的节点，总的内存需要量为 d（$b-1$）+1。因此，深度优先搜索的空间复杂度是 b 的线性函数 O（bd），而宽度优先搜索的空间复杂度是 b 的指数函数。事实上，这也是深度优先搜索最有用的一个方面。

（二）时间复杂性

如果搜索在 d 层最左边的位置找到了目标，检查的节点数为（$d+1$）。另外，如果只是搜索到 d 层，而在 d 层的最右边找到了目标，检查的节点包括了树中所有的节点，其数量为

$$1+b+b^2+\cdots+b^d = (b^{d+1}-1)/(b-1)$$

所以，平均来说，检查的节点数量为

$$(b^{d+1}-1)/2(b-1)+(1+d)/2 \approx b(b^d+d)/2(b-1)$$

上式就是深度优先搜索的平均时间复杂度。

深度优先搜索的优点是比宽度优先搜索算法需要更少的空间，该算法只需保存搜索树的一部分，它由当前正在搜索的路径和该路径上还没有完全展开的节点标志所组成。因此，深度优先搜索的存储器要求是深度约束的线性函数。但是其主要问题是可能搜索到了错误的路径上。很多问题可能具有很深甚至是无限的搜索树，如果不幸选择了一个错误的路径，深度优先搜索会一直搜索下去，而不会回到正确的路径上。这样对于这些问题，深度优先搜索要么陷入无限的循环，而不能给出一个答案，要么最后找到一个答案，但路径很长而且不是最优的答案。这就是说，深度优先搜索既不是完备的，也不是最优的。

二、宽度优先搜索

宽度优先搜索算法沿着树的宽度遍历树的节点，它从深度为 0 的层开始，直到最深的层次。它可以很容易地用队列实现。宽度优先算法可以表示如下。

算法 5.2　宽度优先搜索算法

Procedure Breadth First Search

Begin

1. 把初始节点放入队列。

2. Repeat

取得队列最前面的元素为 current；

If current=goal

成功返回并结束；

Else do

Begin

如果 current 有子女，则把 current 的子女以任意次序添加到队列的尾部；

End

Until 队列为空

End.

上面给出的宽度优先搜索算法依赖于简单的原理：如果当前的节点不是目标节点，则把当前节点的子女以任意次序添加到队列的尾部，并把队列的前端元素定义为 current；如果目标发现，则算法终止。

（一）时间复杂度

为便于分析，我们考虑一棵树，其每个节点的分支系数都为 b，最大深度为 d。其中分支系数是指一个节点可以扩展产生的新的节点数目。因此，搜索树的根节点在第一层会产生 b 个节点，每个节点又产生 b 个新的节点，这样在第二层就会有 b^2 个节点。因为目标不会出现在深度为（$d-1$）层，失败搜索的最小节点数目为：

$$1+b+b^2+\cdots+b^{d-1}=(b^d-1)/(b-1), b \quad 1$$

而在找到目标节点之前可能扩展的最大节点数目为：

$$1+b+b^2+\cdots+b^{d-1}+b^d=(b^{d+1}-1)/(b-1)$$

对于 d 层，目标节点可能是第一个状态，也可能是最后一个状态。因此，平均需要访问的 d 层节点数目为（$I+b^d$）/2。

所以，平均总的搜索的节点数目为：

$$(b^d-1)/(b-1)+(1+b^d)/2 \approx b^d(b+1)/2(b-1)$$

因此，宽度优先搜索的时间复杂度和搜索的节点数目成正比。

（二）空间复杂度

宽度优先搜索中，空间复杂度和时间复杂度一样，需要很大的空间，这是因为树的所有的叶节点都需要同时存储起来。根节点扩展后，队列中有 b 个节点。第一层的最左边节点扩展后，队列中有（$2b-1$）个节点。而当 d 层最左边的节点正在检查是否为目标节点时，在队列中的节点数目最多，为（b^d）。该算法的空间复杂度和队列长度有关，在最坏的情况下约为指数级 0（b^d）。

表 5-2 给出了宽度优先搜索的时间和空间需求情况，其中分支系数 $b=10$，每秒处理 1000 个节点，每个节点需要 100 个字节。

表5-2　宽度优先搜索的时间和空间需求

深　度	节点数	时　间	空　间	深　度	节点数	时　间	空　间
0	1	1 μs	100 B	8	10^8	31 h	11 GB
2	111	1 s	11 KB	10	10^{10}	128 d	1 TB
4	11111	11 s	1 MB	12	10^{12}	35 a	111 TB
6	10^6	18 min	111 MB	14	10^{14}	3500 a	11111 TB

宽度优先搜索是一种盲目搜索，时间和空间复杂度都比较高，当目标节点距离初始节点较远时（即 d 较大时）会产生许多无用的节点，搜索效率较低。从表 6-2 可以看出，宽度优先搜索中，时间需求是一个很大的问题，特别是当搜索的深度比较大时，尤为严重，然而空间需求是比执行时间更为严重的一个问题。

但是宽度优先搜索也有其优点：目标节点如果存在，用宽度优先搜索算法总可以找到该目标节点，而且是 d 最小（最短路径）的节点。

三、迭代加深搜索

对于深度 d 比较大的情况，深度优先搜索需要很长的运行时间，而且还可能得不到解答。一种比较好的问题求解方法是对搜索树的深度进行控制，即有界深度优先搜索方法。有界深度优先搜索过程总体上按深度优先搜索方法进行，但对搜索深度需要给出一个深度限制 d_m，当深度达到 d_m 时，如果还没有找到解答，就停止对该分支的搜索，转到另外一个分支进行搜索。

对于有界深度搜索策略，有下面几点需要说明：

（1）在有界深度搜索算法中，深度限制 d_m 是一个很重要的参数。当问题有解，且解的路径长度小于或等于 d_m 时，搜索过程一定能够找到解，但是和深度优先搜索一样，这并不能保证最先找到的是最优解，即这时有界深度搜索是完备的，但不是最优的。但是当 d_m 取得太小，解的路径长度大于 d_m 时，则搜索过程就找不到解，即这时搜索过程甚至是不完备的。

（2）深度限制 d_m 不能太大。当 d_m 太大时，搜索过程会产生过多的无用节点，既浪费了计算机资源，又降低了搜索效率。有界深度搜索的时间和空间复杂度和深度优先搜索类似，空间是线性复杂度，为 $O(bd_m)$，时间是指数复杂度，为 $O(bd_m)$。

（3）有界深度搜索的主要问题是深度限制值 d_m 的选取。该值也被称为状态空间的直径，如果该值设置得比较合适，则会得到比较有效的有界深度搜索。但是对于很多问题，我们并不知道该值到底为多少，直到该问题求解完成，才可以确定出深度限制 d_m。为了解决上述问题，可采用如下的改进方法：先任意给定一个较小的数作为 d_m，然后按有界深度算法搜索，若在此深度限制内找到了解，则算法结束；如在此限制内没有找到问题的解，则增大深度限制 d_m，继续搜索。这就是迭代加深搜索的基本思想。

迭代加深搜索是一种回避选择最优深度限制问题的策略，它是试图尝试所有可能的深度限制：首先深度为 0，然后深度为 1，然后为 2，如此一直进行下去。如果初始深度为 0，则该算法只生成根节点，并检测它。如果根节点不是目标，则深度加 1，通过典型的深度优先搜索算法，生成深度为 1 的树。同样，当深度限制为 m 时，树的深度也为 m。

迭代加深搜索看起来会很浪费资源，因为很多节点都可能要扩展多次。然而，对于很多问题，这种多次的扩展负担实际上很小。可以想象，如果一棵树的分支系数很大，几乎所有的节点都在最底层上，则对于上面各层节点扩展多次对整个系统来说影响不是很大。我们知道，搜索深度为 h 时，由深度优先搜索方法生成的节点数为：

$$(b^{h+1}-1)/(b-1)$$

由迭代加深搜索过程中的失败搜索所产生的节点数量的总和为

$$[1/(b-1)]\sum_{h=0}^{d-1}(b^{h+1}-1) \approx b(b^d-d)/(b-1)^2$$

该算法的最后一次搜索在深度 d 找到了成功节点，则该次搜索的平均时间复杂度为典型的深度有限搜索：$b(b^d+d)/2(b-1)$。则总的平均时间复杂度为

$$b(b^d-d)/(b-1)^2 + b(b^d+d)/2(b-1) \approx (b+1)b^{d+1}/2(b-1)^2$$

则迭代深度搜索和深度优先搜索的时间复杂度的比率为

$$\{(b+1)b^{d+1}/[2(b-1)^2]\} : \{b(b^d+d)/[2(b-1)]\}$$

对于比较大的 d，上式可简化为

$$\{(b+1)b^{d+1}/[2(b-1)^2]\} : \{b^{d+1}/[2(b-1)]\} = (b+1):(b-1)$$

迭代深度搜索和宽度优先搜索的时间复杂度的比率为

$$\{(b+1)b^{d+1}/[2(b-1)^2]\} : \{b^d(b+1)/[2(b-1)]\} = b:(b-1)$$

对于一个分支系数 b=10 的深度目标，迭代深度搜索比深度优先搜索增加 20% 左右的节点，而只比宽度优先搜索增加了 11% 左右的额外节点。而且，分支系数越大，重复搜索所产生的额外节点比率越少。因此，迭代加深搜索和深度优先搜索方法以及宽度优先搜索方

法相比并没有增加很多的时间复杂度。即迭代加深搜索的时间复杂度为 $O(b^d)$，空间复杂度为 $O(b^d)$，它既满足深度优先搜索的线性存储要求，同时又能保证发现最小深度的目标。

算法 5.3　迭代加深搜索算法

Procedure Iterative Deepening

Begin

（1）设置当前深度限制 = 1。

（2）把初始节点压入栈，并设置战顶指针。

（3）While 棋不空并且深度在给定的深度限制之内

Begin

弹出栈顶元素；

IF 栈顶元素 = goal，返回并结束；

Else 以任意的顺序把楼顶元素的子女压入栈中；

End

End while

（4）深度限制加 1，并返回 2。

End.

宽度优先搜索、深度优先搜索和迭代加深搜索都可以用于生成和测试算法中。然而，宽度优先搜索需要指数级数量的空间，深度优先搜索的空间复杂度和最大搜索深度呈线性关系。迭代加深搜索对一棵深度受控的树采用深度优先的搜索。它结合了宽度优先和深度优先搜索的优点。和宽度优先搜索一样，它是最优的，也是完备的。但对空间要求和深度优先搜索一样适中。表 5-3 给出了宽度优先搜索、深度优先搜索、有界深度搜索和迭代加深搜索简单的比较。

表5-3　搜索策略的比较

标　准	宽度优先	深度优先	有界深度	迭代加深
时间	b^d	b^m	b^l	b^d
空间	b^d	bm	bL	bd
最优	是	否	否	是
完备	是	否	如果，是	是

注：b 是分支系数，d 是解答的深度，m 搜索树的最大深度，l 是深度限制。

第四节　回溯策略

回溯过程是控制策略的一种方法。选择一条规则，如果不能得出一个解，那么忘掉参与的各步，并选择另一条规则代之。从形式上看，不管有多少知识对选择规则有用，都可采用回溯的策略。如果没有有用的知识，那么规则可根据任意的方法选取，最后控制将退回，以便选择合适的规则。

一个简单的递归过程抓住了回溯控制下的产生式系统的运行本质。这个递归过程叫作BACKTRACK，它取单个自变量 DATA，最初设置为产生式系统的综合数据库。在过程结束时，返回一张规则表。这张表如果依次应用于初始数据库，则产生一个满足结束条件的数据；如果过程找不到规则表就返回 FAIL（失败）。BACKTRACK 过程定义如下：

算法 5.4 递归回溯算法

Recursive Procedure BACKTRACK（DATA）

（1）if TERM（DATA），returnNIL；/*TERM 是一个谓词，对满足产生式系统结束条件的变量来说其取值为真。在成功结束时，返回空表 NIL。*/

（2）证 DEADEND（DATA），return FAIL；/*DEADEND 是一个谓词，对已经知道不在一条解路上的自变量来说其取值为真。在这种情况下，过程返回符号 FAIL。*/

（3）RULES·APPRULUES（DATA）；/*APPRULUES 是一个函数，它计算可应用于其自变量的规则并排列这些规则（任意排列或者按照启发式准则排列）。*/

（4）LOOP：ifNl 几 L（RULES），returnFAIL；/*如果不再有可应用的规则，那么过程失败。*/

（5）R·FIRST（RULES）；/*选出最好的一条可应用规则。*/

（6）RULES·TAIL（RULES）；/*删去刚才选用的一条规则，缩小可应用的规则表。*/

（7）RDATA·R（DATA）；/*应用规则 R 产生一个新的数据库。*/

（8）PATH·BACKTRACK（RDATA）；/*在新数据库上递归调用 BACKTRACK。*/

（9）还 PATH=FAIL，goLOOP；/*若递归调用失败，则试另一条规则。*/

（10）returnCONS（R，PATH）；/*否则，通过把 R 加到表的前面，向上走一遍成功的规则表。*/

现在对这个过程作几点解释。首先，只有在过程产生一个满足结束条件的数据库时，才能在第（1）步成功结束。用于产生这个数据库的规则表在第（10）步建成。不成功的结束出现在第（2）步和第（4）步。在递归调用期间出现失败而退出时，过程会回溯到较高的一层。

第（2）步执行的测试是根据问题的数据库检验一下是否正好可能有一个解。在第（4）步如果所有可应用的规则都已经试完，那么过程失败。

过程 BACKTRACK 可能永远结束不了，这是因为可能无限地生成出新的非终结的数据库，或者可能循环不止。这两种情况可以通过把深度范围加在递归的方法上，适当地加以避免。当深度超出这个范围时，任何的递归调用均失败。避免循环则更简单，办法是保留迄今为止产生的数据库表，并不断检验新的数据库，看是否和表上的任一数据库相吻合。

第五节　归结演绎推理

归结演绎推理本质上就是一种反证法，它在归结推理规则的基础上实现。为了证明一个命题 P 恒真，它证明其反命题 $\neg p$ 恒假，即不存在使得 $\neg p$ 为真的解释。由于量词，以及嵌套的函数符号，使得谓词公式往往有无穷的指派，不可能一一测试 $\neg p$ 是否为真或假。那么如何来解决这个问题呢？幸运的是存在一个域，即 Herbrand 域，它是一个可数无穷的集合，如果一个公式基于 Herbrand 解释为假，则就在所有的解释中取假值。基于 Herbrand 域，埃尔布朗（Herbrand D）给出了重要的定理，为不可满足的公式判定过程奠定了基础。Robinson 给出了用于从不可满足的公式推出下的归结推理规则 [Robinson1965]，为机器定理证明取得了重要的突破，使其达到了应用的阶段。

一、子句型

归结证明过程是一种反驳程序，即不是证明一个公式有效，而是证明公式之非是不一致的。这完全是为了方便，并且不失一般性。归结推理规则所应用的对象是命题或谓词合式公式的一种特殊的形式，称为子句。因此，在使用归结推理规则进行归结之前需要把合式公式化为子句式。

在数理逻辑中，我们知道如何把一个公式化成前束标准型（Q_1x_1）…（Q_nx_n）M，由于 M 中不含量词，因此总可以把它变换成合取范式。无论是前束标准型还是合取范式都与原来的合式公式等值。

对于前束范式

$$(Q_1x_1)\cdots(Q_nx_n)M(x_1,\cdots,x_n)$$

其中，表示 M 中含有变量元，并且 M 是合取标准型。使用下述方法，可以消去前缀中的所有存在量词：

令 Q_r 是（Q_1x_1）…（Q_nx_n）中出现的存在量词（$1 \le r \le n$）。

（1）若在 Q_r 之前不出现全称量词，则选择一个与 M 中出现的所有常量都不相同的新常量 c，用 c 代替 M 中出现的所有 x_r，并且由前缀中删去（$Q_r x_r$）。

（2）若 Q_{s1}，…，Q_{sm} 是在 Q_r 之前出现的所有全称量词（$1 \le s1 \le s2 \le ... \le sm < r$），则选择一个与 M 中出现的任一函数符号都不相同的新 m 元函数符号 f，用 f（xs1，...xsm）其中 s1，sm 的为下标代替 M 中的所有 x_r，并且由前缀中删去（$Q_r x_r$）。

按上述方法删去前缀中的所有存在量词之后得出的公式称为合式公式的 Skolem 标准型。替代存在量化变量的常量 c（视为 0 元函数）和函数 f 称为 Skolem 函数。

归结反演不仅可以用于定理证明，而且可以用来求取问题的答案，其思想与定理证明类似。方法是在目标公式的否定形式中加上该公式否定的否定，得到重言式；或者再定义一个新的谓词 ANS，加到目标公式的否定中，把新形成的子句加到子句集中进行归结。

二、归结反演的搜索策略

归结反演过程可以很容易地被描述为"运用归结规则直到产生空子句为止"，但是对子句集进行归结时，一个关键问题是决定选取哪两个子句作归结。如果对任意一对可以归结的子句都作归结，这样不仅消耗很多的时间，而且会产生许多无用的归结式，占用了很多空间，降低了效率。为此，需要研究有效的归结控制或搜索策略。

（一）排序策略

按什么序列执行归结，这个问题与在状态空间中下一步将要扩展哪个节点的问题类似。例如，可以使用宽度优先或者深度优先策略。

在这里，把原始子句（包括待证明合式公式的否定的子句形）叫作 0 层归结式。（$i+1$）层的归结式是一个 i 层归结式和一个 j（$j \leqslant i$）层归结式进行归结所得到的归结式。

宽度优先就是先生成第 1 层所有的归结式，然后是第 2 层所有的归结式，依次类推，直到产生空子句结束，或不能再进行归结为止。深度优先是产生一个第 1 层的归结式，然后用第 1 层的归结式和第 0 层的归结式进行归结，得到第 2 层的归结式，依次类推，直到产生空子句结束，或者不能归结，则回溯到其他的上层子句继续归结。

排序策略的另一个策略是单元优先（Unit Preference）策略，即在归结过程中优先考虑仅由一个文字构成的子句，这样的子句称为单元子句。

（二）精确策略

精确策略不涉及被归结子句的排序，它们只允许某些归结发生。这里主要介绍三种精确归结策略。

1. 支持集（SetofSupport）策略

支持集策略就是指，每次归结时，参与归结的子句中至少应有一个是由目标公式的否定所得到的子句，或者是它们的后裔。

所谓后裔是指，如果（I）α_2 是 α_1 与另外某子句的归结式，或者（II）α_2 是 α_1 的后裔与其他子句的归结式，则称 α_2 是 α_1 的后裔，α_1 是 α_2 的祖先。

支持集策略是完备的，即假如对一个不可满足的子句集合运用支持集策略进行归结，那么最终会导出空子句。

如果将子句 $P \vee Q$ 作为目标公式的否定所得到的子句，则该图所示的归结过程满足支持集策略。

2. 线性输入（Linear Input）策略

线性输入策略是指，参与归结的两个子句中至少有一个是原始子句集中的子句（包括那些待证明的合式公式的否定）。

线性输入策略是不完备的。例如，对于子句集合。该集合是不可满足的，但是无法用线性输入归结得到结果。

3. 祖先过滤（Ancestry Filtering）策略

由于线性输入策略不完备，改进该策略则得到祖先过滤策略：参与归结的两个子句中至少有一个是初始子句集中的句子，或者是另一个子句的祖先。该策略是完备的。对于上面的子句集合，可以有如图 5-1 所示的归结反演树。

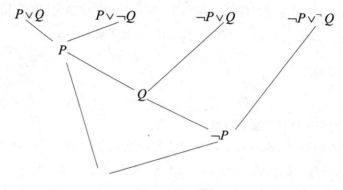

图 5-1　归结反演树

第六章　人工智能中的机器学习技术研究

第一节　引言

一、简单的学习模型

学习能力是人类智能的根本特征，人类通过学习来提高和改进自己的能力。学习的基本机制是设法把在一种情况下成功的表现行为转移到另一类似的新情况中去。1983 年西蒙对学习定义如下：能够让系统在执行同一任务或同类的另外一个任务时比前一次执行得更好的任何改变。这个定义虽然简洁，却指出了设计学习程序要注意的问题。学习包括对经验的泛化：不仅是重复同一任务，而且领域中相似的任务都要执行得更好。因为感兴趣的领域可能很大，学习者通常只研究所有可能例子中的一小部分；从有限的经验中，学习者必须能够泛化，并对域中未见的数据正确地推广。这是个归纳的问题，也是学习的中心问题。在大多数学习问题中，不管采用哪种算法，能用的数据不足以保证最优的泛化。学习者必须采取启发式的泛化，也即他们必须选取经验中对未来更为有效的部分。这样的选择标准就是归纳偏置。

从事专家系统研究的学者认为，学习就是知识获取。因为在专家系统的建造中，知识的自动获取很困难。所以，知识获取似乎就是学习的本质。也有的观点认为，学习是对客观经验表示的构造或修改。客观经验包括对外界事物的感受，以及内部的思考过程，学习系统就是通过这种感受和内部的思考过程来获取对客观世界的认识。其核心问题就是对这种客观经验的表示形式进行构造或修改。从认识论的观点看，学习是事物规律的发现过程。这种观点将学习看作从感性知识到理性知识的认识过程，从表层知识到深层知识的泛化过程，也即学习是发现事物规律，上升形成理论的过程。

总结以上观点，可以认为学习是一个有特定目的的知识获取过程。通过获取知识、积累经验、发现规律，使系统性能得到改进、系统实现自我完善和自适应环境。如图 6-1 所示，给出了简单的学习模型。

（一）环境

环境是指系统外部信息的来源，它可以是系统的工作对象，也可以包括工作对象和外界条件。例如，在控制系统中，环境就是生产流程或受控的设备。环境就是为学习系统提供获取知识所需的相关对象的素材或信息，如何构造高质量、高水平的信息，将对学习系统获取知识的能力有很大影响。

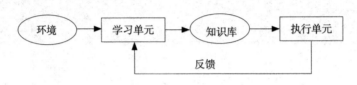

图 6-1　简单的学习模型

信息的水平是指信息的抽象化程度。高水平信息比较抽象，适用于更广泛的问题；低水平信息比较具体，只适用于个别的问题。如果环境提供较抽象的高水平信息，则针对比较具体的对象，学习环节就要补充一些与该对象相关的细节。如果环境提供较具体的低水平信息，即在特殊情况执行任务的实例，学习环境就要由此归纳出规则，以便用于完成更广的任务。

信息的质量是指对事物表述的正确性、选择的适当性和组织的合理性。信息质量对学习难度有明显的影响。例如，若向系统提供的示例能准确表述对象，且提供示例的次序又有利于学习，系统易于进行归纳。若示例中有噪声或示例的次序不太合理，系统就难以对其进行归纳。

一般情况下，一个人的学习过程总是与他所处的环境以及他所具备的知识有关。同样，机器学习过程也与外界提供的信息环境以及机器内部所存储的知识库有关。

（二）学习单元

学习单元处理环境提供的信息，相当于各种学习算法。学习单元通过对环境的搜索获得外部信息，并将这些信息与执行环节所反馈回的信息进行比较。一般情况下，环境提供的信息水平与执行环节所需的信息水平之间往往有差距，经分析、综合、类比和归纳等思维过程，学习单元要从这些差距中获取相关对象的知识，并将这些知识存入知识库中。

（三）知识库

知识库用于存放由学习环节所学到的知识。知识库中常用的知识表示方法有谓词逻辑、产生式规则、语义网络、特征向量、过程和框架等。

（四）执行单元

执行单元处理系统面临的现实问题，即应用知识库中所学到的知识求解问题，如智能控制、自然语言理解和定理证明等，并对执行的效果进行评价，将评价的结果反馈回学习环节，以便系统进一步的学习。执行单元的问题复杂性、反馈信息和执行过程的透明度都对学习环节有一定的影响。

当执行单元解决当前问题后，根据执行的效果，要给学习环节反馈一些信息，以便改善学习单元的性能。对执行单元的效果评价一般有两种方法，一种评价方法是用独立的知识库进行这种评价，如 AM 程序用一些启发式规则评价所学到的新概念的重要性；另一种方法是以外部环境作为客观的执行标准，系统判定执行环节是否按这个预期的标准工作，并由此反馈信息，来评价学习环节所学到的知识。

二、机器学习

机器学习是研究机器模拟人类的学习活动，获取知识和技能的理论和方法，以改善系统性能的学科。如图 6-2 所示，给出了基于符号机器学习的一般框架。

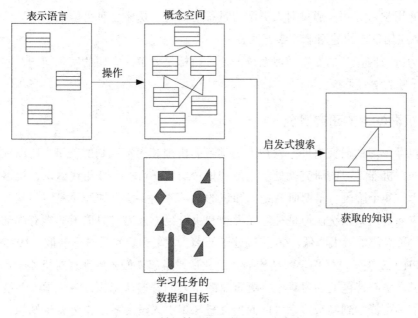

图 6-2　基于符号机器学习的一般框架

（1）学习任务的数据和目标。我们表征学习算法的一个主要方式就是看学习的目标和给定的数据。例如，概念学习算法中，初始状态是目标类的一组正例（通常也有反例），学习的目标是得出一个通用的定义，它能够让学习程序辨识该类的未来的实例。与这些算法采用大量数据的方法相反，基于解释的学习试图从单一的训练实例和预先给定的特定领域的知识库中推出一个一般化的概念。许多学习算法的目标是一个概念，或者物体的类的通用描述。学习算法还可以获取计划，求解问题的启发式信息，或者其他形式的过程性知识。

（2）学到的知识的表示。机器学习程序利用各种知识表示方法，描述学到的知识。例如，对物体分类的学习程序可能把这些概念表示为谓词演算的表达式，或者它们可能用结构化的表示，如框架或对象。计划可以用操作的序列来描述，或者用三角表来描述。启发式信息可以用问题求解规则来表示。

（3）操作的集合。给定训练实例集，学习程序必须建立满足目标的泛化、启发式规则或者计划。这就需要对表示进行操作的能力。典型的操作包括泛化或者特化符号表达式、调整神经网络的权值，或者其他方式对程序表示的修改。

（4）概念空间。上面讨论的表示语言和操作定义了潜在概念定义的空间。学习程序必须搜索这个空间来寻找所期望的概念。概念空间的复杂度是学习问题困难程度的主要度量。

（5）启发式搜索。学习程序必须给出搜索的方向和顺序，并且要用好可用的训练数据和启发式信息来有效地搜索。

机器学习研究的目标有 3 个，即人类学习过程的认知模型、通用学习算法以及构造面向任务的专用学习系统的方法。

（1）人类学习过程的认知模型。研究人类学习机理的认知模型，这种研究对人类的教育，而且对开发机器学习系统都有重要的意义。

（2）通用学习算法。通过对人类学习过程的研究，探索各种可能的学习方法，建立起独立于具体应用领域的通用学习算法。

（3）构造面向任务的专用学习系统。这一目标是要解决专门的实际问题，并开发完成这些专门任务的学习系统。

三、机器学习的研究概况

由于机器学习的研究有助于发现人类学习的机理和揭示人脑的奥秘，所以在人工智能发展的早期，机器学习的研究就处于重要的地位。自 20 世纪 50 年代以来，机器学习的研究大致经历了 4 个阶段。早期研究是无知识的学习，主要研究神经元模型和基于决策论方法的自适应和自组织系统。但是神经元模型和决策论方法当时只取得非常有限的成功，局限性很大，研究热情大大降低。60 年代处于低潮，主要研究符号概念获取。1975 年温斯顿（Winslon PH）发表了从实例学习结构描述的文章，激起人们开始恢复对机器学习的研究兴趣，出现了许多有特色的学习算法。更重要的是人们普遍认识到，一个学习系统在没有知识的条件下不可能学到高级概念，因而把大量知识引入学习系统作为背景知识，使机器学习理论的研究出现了新的局面和希望。由于专家系统和问题求解系统的大量建造，知识获取成为严重的瓶颈，而这一问题的突破完全依赖于机器学习研究的进展。机器学习的研究开始进入新的高潮。

1984 年瓦伦特（Valiant LG）提出"大概近似正确（Probably Approximately Correct，PAC）"机器学习理论，他引入了类似在数学分析中的 $\varepsilon - \delta$ 语言来评价机器学习算法。PAC 理论对近代机器学习研究产生了重要的影响，如统计机器学习、集群学习（Ensemble）、贝叶斯网络和关联规则等。1995 年瓦普尼克（Vapnik VN）出版了《统计学习理论的本质》，提出结构风险最小归纳原理和支持向量机学习方法。

机器学习的方法主要有归纳学习、类比学习、分析学习、发现学习、遗传学习和连接学习。过去对归纳学习研究最多，主要研究一般性概念的描述和概念聚类，提出了 AQ 算法、变型空间算法和 ID3 算法等。类比学习是通过目标对象与源对象的相似性，从而运用源对象的求解方法来解决目标对象的问题。分析学习是在领域知识指导下进行实例学习，包括基于解释的学习、知识块学习等。基于解释的学习是从问题求解的一个具体过程中抽取出一般的原理，并使其在类似情况下也可利用。因为将学到的知识放进知识库，简化了中间的解释步骤，可以提高今后的解题效率。发现学习是根据实验数据或模型重新发现新的定律的方法。遗传学习起源于模拟生物繁衍的变异和达尔文的自然选择，把概念的各种变体当作物种的个体，根据客观功能测试概念的诱发变化和重组合并，决定哪种情况应在基因组合中予以保留。连接学习是神经网络通过典型实例的训练，识别输入模式的不同类别。强化（Reinforcement）学习是指从环境状态到行为映射的学习，以使系统行为从环境中获得的累积奖励值最大。在强化学习中，我们设计算法来把外界环境转化为最大化奖励量的方式的动作。强化思想最先来源于心理学的研究。1911 年，桑戴克（Thorndike E L）提出了效果律（Law of Effect）。即在一定情景下让动物感到舒服的行为，就会与此情景增强联系（强化），当此情景再现时，动物的这种行为也更易再现；相反，让动物感觉不舒服的行为，会减弱与情景的联系，此情景再现时，此行为将很难再现。1989 年，瓦特金（Watkins C）提出了 Q‐学习（Watkins et al.1989），把时序差分和最优控制结合在一起，开始了强化学习的深入研究。

第二节　强化学习

强化学习（Reinforcement Learning, RL），又称激励学习，是从环境到行为映射的学习，以使奖励信号数值最大。强化学习不同于监督学习，是由环境提供的强化信号对产生动作的好坏做出评价，而不是告诉强化学习系统如何去产生正确的动作。由于外部环境提供的信息很少，学习系统必须靠自身的经历进行学习。通过这种方式，学习系统在行动‐评价的环境中获得知识，改进行动方案以适应环境。

强化学习技术控制理论、统计学和心理学等相关学科发展而来，最早可以追溯到巴甫洛夫的条件反射实验。但直到 20 世纪 80 年代末 90 年代初，强化学习技术才在人工智能、机器学习和自动控制等领域中得到广泛研究和应用，并被认为是设计智能系统的核心技术之一。特别是随着强化学习的数学基础研究取得突破性进展后，对强化学习的研究和应用日益开展起来，成为目前机器学习领域的研究热点之一。近年来，根据反馈信号的状态，提出了 Q‐学习和时差学习等强化学习方法。

一、强化学习模型

强化学习模型如图 6‐3 所示，它通过智能体与环境的交互来进行学习。智能体与环境的交互接口包括动作（Action）、奖励（Reward）和状态（State）。交互过程可以表述为如下形式：每进行一步，智能体根据策略选择一个动作执行，然后感知下一步的状态和即时奖励，通过经验再修改自己的策略。智能体的目标就是最大化长期奖励。

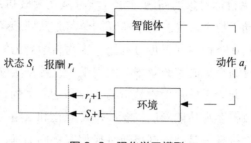

图6-3 强化学习模型

强化学习系统接受环境状态的输入 s，根据内部的推理机制，系统输出相应的行为动作 a。环境在系统动作作用 a 下，变迁到新的状态 s'。系统接受环境新状态的输入，同时得到环境对于系统的瞬时奖惩反馈 r。对强化学习系统来说，其目标是学习一个行为策略 π：S → A，使系统选择的动作能够获得环境奖励的累计值最大。换言之，系统要最大化下式，其中 γ 为折扣因子。在学习过程中，强化学习技术的基本原理：如果系统某个动作导致环境正的奖励，那么系统以后产生这个动作的趋势便会加强，反之系统产生这个动作的趋势便减弱。这和生理学中的条件反射原理接近。

$$\sum_{i=0}^{\infty} \gamma^i r_{t+i}, \ 0 < \gamma \leqslant 1$$

二、学习自动机

在强化学习方法中，学习自动机是最普通的方法。这种系统的学习机制包括两个模块：学习自动机和环境。学习过程根据环境产生的刺激开始。自动机根据所接收到的刺激，对环境做出反应，环境接收到该反应对其做出评估，并向自动机提供新的刺激。学习系统根据自动机上次的反应和当前的输入自动地调整其参数。学习自动机的学习模式如图6-4所示。这里延时模块用于保证上次的反应和当前的刺激同时进入学习系统。

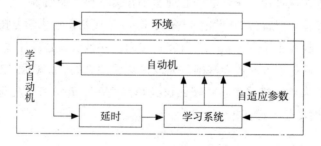

图6-4 学习自动机的学习模式

学习自动机的基本思想可以应用于很多现实问题，如拈物（NIM）游戏。在拈物游戏中，在桌面上有三堆硬币，如图6-5所示。该游戏有两个人参与，每个选手每次必须拿走至少一枚硬币，但是只能在同一行中拿。谁拿了最后一枚硬币，谁就是失败者。

图6-5　拈物游戏

现假定游戏的双方为计算机和人，并且计算机保留了在游戏过程中它每次拿走硬币的数量的记录。这可以用一个矩阵来表示，见表7-2，其中第（i，j）个元素表示对计算机来说从第 j 状态到 i 状态成功的概率。显然矩阵的每一列元素之和为1。

表6-1　拈物游戏中的部分状态转换图

目标状态＼源状态	135	134	133	…	…	125	…
135	#	#	#	#	#	#	…
134	1/9	#	#	…	…	#	…
133	1/9	1/8	#	…	…	#	…
132	1/9	1/8	1/7	#	…	#	…
124	#	1/8	#	#	…	1/8	…

注：# 表示无效状态。

为便于系统的学习，可以为系统增加一个奖惩机制。在完成一次游戏后，计算机调整矩阵中的元素，如果计算机取得了胜利，对应于计算机所有的选择都增加一个量，而相应列中的其他元素都降低一个量，以保持其每列的元素之和为1。如果计算机失败，则与上述相反，计算机所有的选择都降低一个量，而每一列中的其他元素都增加一个量，同样保持每列元素之和为1。经过大量的实验，矩阵中的量基本稳定不变，当轮到计算机选择时，它可以从矩阵中选取使得自己取胜的最大概率的元素。

三、自适应动态程序设计

强化学习假定系统从环境中接收反应，但是只有到了其行为结束后（即终止状态）才能确定其状况（奖励还是惩罚）。并假定系统初始状态为 S_0，在执行动作（假定为 a_0）后，系统到达状态 S_1，即

$$S_0 \xrightarrow{\ a_0\ } S_1$$

对系统的奖励可以用效用（Utility）函数来表示。在强化学习中，系统可以是主动，也可以是被动的。被动学习是指系统试图通过自身在不同的环境中的感受来学习其效用函数。

而主动学习是指系统能够根据自己学习得到的知识，推出在未知环境中的效用函数。

关于效用函数的计算，可以这样考虑：假定，如果系统达到了目标状态，效用值应为最高，假设为 1，对于其他状态的静态效用函数，可以采用下述简单的方法计算。假设系统通过状态 S_2，从初始状态 S_1 到达了目标状态 S_7。现在重复实验，统计 S_2 被访问的次数。假设在 60 次实验中，S_2 被访问了 5 次，状态 S_2 的效用函数可以定义为 5 / 100 = 0.05。现假定系统以等概率的方式从一个状态转换到其邻接状态（不允许斜方向移动），如系统可以从 S_1 以 0.5 的概率移动到 S_2 或者 S_6（不能到达 S_5），如果系统在 S_5，它可以 0.25 的概率分别移动到 S_2、S_4、S_6、S_8。

对于效用函数，可以认为："一个序列的效用是累积在该序列状态中的奖励之和"。静态效用函数值比较难以得到，因为这需要大量的实验。强化学习的关键是给定训练序列，更新效用值。

在自适应动态程序设计中，状态 i 的效用值可以用下式计算：

$$U(i) = R(i) + \sum_{\forall j} M_{ij} U(j)$$

式中，是在状态 i 时的奖励；M_{ij} 是从状态 i 到状态 j 的概率。

对于一个小的随机系统，可以通过求解类似上式所有状态中的所有效用方程来计算。但当状态空间很大时，求解起来就不是很方便。

为了避免求解类似上式的方程，可以通过下面的公式来计算：

$$U(i) \leftarrow U(i) + a[R(i) + (U(j) - U(i))]$$

式中，为学习率，它随学习的进度而逐渐缩小。

另外，对于被动的学习，M 一般为常量矩阵。但是对于主动学习，它是可变的。所以，可以重新定义为

$$U(i) = R(i) + \max_a \sum_{\forall j} M_{ij}^a U(j)$$

式中，M_{ij}^a 表示在状态 i 执行动作 a 达到状态 j 的概率。这样，系统会选择使得 M_{ij}^a 最大的动作，这样也会最大。

四、Q – 学习

Q – 学习是一种基于时差策略的强化学习，它是指在给定的状态下，在执行完某个动作后期望得到的效用函数，该函数称为动作–直函数。在 Q–学习中，动作 – 值函数表示为，它表示在状态 i 执行动作 a 的值，也称为 Q 值。在 Q– 学习中，使用 Q 值代替效用值，效用值和 Q 值之间的关系如下：

$$U(i) = \max_a Q(a, i)$$

在强化学习中，Q 值起着非常重要的作用：第一，和条件 – 动作规则类似，它们都可以不需要使用模型就做出决策；第二，与条件 – 动作不同的是，Q 值可以直接从环境的反馈中学习获得。

和效用函数一样，对于 Q 值可以有下面的方程：

$$U(a,i) = R(i) + \sum_{\forall j} M_{ij}^{a} \max_{a'} Q(a', j)$$

对应的时差方程为

$$Q(a,i) \leftarrow Q(a,i) + a[R(i) + \max_{a'} Q(a', j) - Q(a,i)]$$

强化学习方法作为一种机器学习的方法，已取得了很多实际应用，如博弈、机器人控制等方面。另外，在互联网信息搜索方法中，搜索引擎必须能自动地适应用户的要求，这类问题也属于无背景模型的学习问题，也可以采用强化学习来解决这类问题。尽管强化学习有很多的优点，但是它也存在一些问题：

（1）泛化问题。典型的强化学习方法，如 Q – 学习，都假定状态空间有限，且允许用状态 – 动作记录其 Q 值。而许多实际的问题，往往对应的状态空间很大，甚至状态是连续的；或者状态空间不很大，但是动作很多。另外，对某些问题，不同的状态可能具有某种共性，从而对应于这些状态的最优动作一样。因而，在强化学习中，研究状态 – 动作的泛化表示很有意义，这可以使用传统的泛化学习，如实例学习、神经网络学习等。

（2）动态和不确定环境。强化学习通过与环境的试探性交互，获取环境状态信息和强化信号来进行学习，这使得能否准确地观察到状态信息成为影响系统学习性能的关键。然而，许多实际问题的环境往往含有大量的噪声，无法准确地获取环境的状态信息，就可能无法使强化学习算法收敛，如 Q 值摇摆不定。

（3）当状态、空间较大时，算法收敛前的实验次数可能要求很多。

（4）多目标的学习。大多数强化学习模型针对的是单目标学习问题的决策策略，难以适应多目标、多策略的学习需求。

（5）许多问题面临的是动态变化的环境，其问题求解目标本身可能也会发生变化。一旦目标发生变化，已学习到的策略有可能变得无用，整个学习过程又要从头开始。

第三节　进化计算

进化计算（Evolutionary Computation）是研究利用自然进化和适应思想的计算系统。达尔文进化论是一种稳健的搜索和优化机制，对计算机科学，特别是对人工智能的发展产生了很大的影响。大多数生物体是通过自然选择和有性生殖进行进化。自然选择决定了群体中哪些个体能够生存和繁殖，有性生殖保证了后代基因中的混合和重组。自然选择的法则是适应者生存，不适应者被淘汰，简言之为优胜劣汰。

自然进化的这些特征早在 20 世纪 60 年代就引起了美国密西根大学霍兰德（Holland J）的极大兴趣。霍兰德注意到学习不仅可以通过单个生物体的适应实现，而且可以通过一个种群的许多代的进化适应发生。受达尔文进化论思想的影响，他逐渐认识到在机器学习中，为获得一个好的学习算法，仅靠单个策略的建立和改进不够，还要依赖于一个包含许多候选策略的群体的繁殖。考虑到他们的研究想法起源于遗传进化，霍兰德就将这个研究领域取名为遗传算法（Genetic Algorithm，GA）。一直到 1975 年霍兰德出版了专著 Adaptation in Natural and Articial Systems，遗传算法才逐渐为人所知。该书系统地论述了遗传算法的基本理论，为遗传算法的发展奠定了基础。

进化算法中，从一组随机生成的个体出发，仿效生物的遗传方式，主要采用复制（选择）、交叉（杂交/重组）、突变（变异）等操作，衍生出下一代个体。再根据适应度的大小进行个体的优胜劣汰，提高新一代群体的质量。经过反复多次迭代，逐步逼近最优解。从数学角度讲，进化算法实质上是一种搜索寻优的方法。进化计算包括达尔文进化算法、遗传算法、进化策略（Evolutionary Strategies）以及进化规划（Evolutionary Programming）。

一、达尔文进化算法

根据定量遗传学，达尔文进化算法采用简单的突变/选择。达尔文算法的一般形式可以描述如下：

$$(\mu/\rho,\lambda)\ (\mu/\rho+\lambda)$$

式中，μ 是一代的双亲数目；λ 为子孙数目；整数 ρ 称作"混杂"数。如果两个双亲混合他们的基因，则 $\rho=2$。仅 μ 是最好的个体才允许产生子孙。逗号表示双亲没有选择，加号表示双亲有选择。

算法的重要部分是突变的范围不固定，而是继承。它将通过进化过程自己适应。达尔文进化算法如下：

达尔文进化算法

（1）建立原始种体。

（2）通过突变建立子孙。

$$s_1' = sg_1$$
$$x_1' = x + s_1' Z_1$$

$$s_\lambda' = sg_\lambda$$
$$x_\lambda' = x + s_\lambda' Z_\lambda$$

（3）选择：

$$Q(x) = \max_{1 \leqslant i \leqslant \lambda} \{Q(x')\}$$

（4）返回到步骤 1。

在达尔文算法中，随机向量 Z 一般有分布的分量，sg_i 从分布数的规范对数得到。所以算法在近邻的双亲建立 λ 子孙。通过进化继承和适应近邻的性质，模型可以被扩展到 $2n$ 个基因，而个体突变的范围被控制在 n 维空间。

二、遗传算法

习惯上将霍兰德在 1975 年提出的基本遗传算法称为经典遗传算法或传统遗传算法。图 7-20 给出了基本遗传算法流程图。运用基本遗传算法进行问题求解的过程如下：

（1）编码。GA 在进行搜索之前先将解空间的可行解数据表示成遗传空间的基因型串结构数据，这些串结构数据的不同组合便构成了不同的可行解。

（2）初始群体的生成。随机产生 N 个初始串结构数据，每个串结构数据称为一个个体，N 个个体构成了一个群体。GA 以这 N 个串结构数据作为初始点开始迭代。

（3）适应性值评估检测。适应性函数表明个体或解的优劣性。不同的问题，适应性函数的定义方式也不同。

（4）选择。选择的目的是为了从当前群体中选出优良的个体，使它们有机会作为父代繁殖下一代子孙。遗传算法通过选择过程体现这一思想，进行选择的原则是适应性强的个体为下一代贡献一个或多个后代的概率大。选择实现了达尔文的适者生存原则。

（5）杂交。杂交操作是遗传算法中最主要的遗传操作。通过杂交操作可以得到新一代个体，新个体组合（继承）了其父辈个体的特性。杂交体现了信息交换的思想。

（6）变异。变异首先在群体中随机选择一个个体，对于选中的个体以一定的概率随机地改变串结构数据中某个串位的值。同生物界一样，GA 中变异发生的概率很低，通常取值在 0.001 ~ 0.01 之间。变异为新个体的产生提供了机会。

基本遗传算法可定义为一个 8 元组：

$$SGA = (C, E, P_0, M, \Phi, \Gamma, \psi, T)$$

式中，C 为个体的编码方法；E 为个体适应度评价函数；P_0 为初始群体；M 为群体大小；ϕ 为选择算子；F 为杂交算子；ψ 为变异算子；T 为遗传运算终止条件。

一般情况下，可以将遗传算法的执行分为两个阶段。它从当前群体开始，通过选择生成中间群体，之后在中间群体上进行重组与变异，从而形成下一代新的群体。

（1）随机生成初始群体。

（2）是否满足停止条件？如果满足则转到步骤的。

（3）否则，计算当前群体每个个体的适应度函数。

（4）根据当前群体的每个个体的适应度函数进行选择生成中间群体。

（5）以概率 P_c 选择两个个体进行染色体交换，产生新的个体替换老的个体，插入到群体中。

（6）以概率 P_m 选择某一个染色体的某一位进行改变，产生新的个体替换老的个体。

（7）转到步骤 2。

（8）终止。

与传统的优化算法相比，遗传算法主要有以下几个不同之处：

（1）遗传算法不是直接作用在参变量集上，而是利用参变量集的某种编码。

（2）遗传算法不是从单个点，而是从一个点的群体开始搜索。

（3）遗传算法利用适应值信息，无须导数或其他辅助信息。

（4）传算法利用概率转移规则，而非确定性规则。

遗传算法的优越性主要表现在：首先，它在搜索过程中不容易陷入局部最优，即使在所定义的适应函数是不连续的、非规则的或有噪声的情况下，也能以很大的概率找到整体最优解；其次，由于它固有的并行性，遗传算法非常适用于大规模并行计算机。

三、进化策略

进化策略模仿自然进化原理作为一种求解参数优化问题的方法。早期的进化处理是基于由一个个体组成的群体和一个操作符——突变。进化策略强调在个体级上的行为变化。最简单的实现方法如下：

（1）定义的问题是寻找 n 维的实数向量 x，它使函数 $F(x): R^n \to R$。

（2）双亲向量的初始群体从每维可行范围内随机选择。

（3）子孙向量的创建是从每个双亲向量加上零均方差高斯随机变量。

（4）根据最小误差选择向量为下一代新的双亲。

（5）当向量的标准偏差保持不变，或者没有可用的计算方法，则处理结束。

四、进化规划

进化规划的过程可理解为从所有可能的计算机程序形成的空间中，搜索有高适应值的计算机程序个体，在进化规划中，几百或几千个计算机程序参与遗传进化。进化规划最早由美国的福格尔（Fogel L J）等在 1962 年提出。进化规划强调物种行为的变化。进化规划的表示自然地面向任务级。一旦选定一种适应性表示，就可以定义依赖于表示的变异操作，在具体的双亲行为上创建子孙。

进化规划最初由一随机产生的计算机程序群体开始，这些计算机程序由适合于问题空间领域的函数所组成，这样的函数可以是标准的算术运算函数、标准的编程操作、逻辑函数或由领域指定的函数，群体中每个计算机程序个体用适应值测度来评价，该适应值与特定的问题领域有关。

进化规划可繁殖出新的计算机程序以解决问题，分为以下 3 个步骤：

1. 产生初始群体，它由关于问题（计算机程序）的函数随机组合而成。

2. 迭代完成下述子步骤，直至满足选种标准为止：

（1）执行群体中的每个程序，根据它解决问题的能力，给它指定一个适应值。

（2）应用变异等操作创造新的计算机程序群体。基于适应值根据概率从群体中选出一个计算机程序个体，然后用合适的操作作用于该计算机程序个体。把现有的计算机程序复制到新的群体中。通过遗传随机重组两个现有的程序，创造出新的计算机程序个体。

3. 在后代中适应值最高的计算机程序个体被指定为进化程序设计的结果。这一结果可能是问题的解或近似解。

第四节 群体智能

一、蚁群算法

蚁群算法（Ant Colony Algorithm）是由意大利学者多里科（Dorigo M）等在 1991 年的首届欧洲人工生命会议上提出的 [Colorni et al.1991]，该算法利用群体智能解决组合优化问题。多里科等将蚁群算法先后应用于旅行商问题（TSP）、资源二次分配问题等经典优化问题，得到了较好的效果。蚁群算法在动态环境下也表现出高度的灵活性和健壮性，如其在电信路由控制方面的应用被认为是较好的算法应用实例之一。

（一）蚁群算法模型

自然界中的蚂蚁觅食是一种群体行为，并非单只蚂蚁自行寻找食物源。蚂蚁在寻找食物的过程中，会在其经过的路径上释放信息素（Pheromone），信息素是容易挥发的，随着时间推移遗留在路径上的信息素会越来越少。蚂蚁在从巢穴出发时如果路径上已经有了信息素，那么蚂蚁会随着信息素浓度高的路径运动，然后又使它所经过的路径上的信息、素浓度进一步加大，这样会形成 – 个正向的催化。经过一段时间的搜索后，蚂蚁最终可以找到一条从巢穴到食物源的最短路径。

德纳伯格（Deneubourg J L）及其同事为了验证蚂蚁觅食的特性，在阿根廷进行了实验。实验中建造了一座有两个分支的桥，其中一个分支的长度是另一个分支的两倍，同时把蚁巢和食物源分隔开来。实验发现，蚂蚁通常在几分钟内就选择了较短的那条分支。

蚁群算法首先成功应用于 TSP 问题。下面简单介绍其基本算法。已知一组城市 N，TSP 问题可表述为寻找一条访问每一个城市且仅访问一次的最短长度闭环路径。设 d_{ij} 为城市 i 到 j 之间欧氏距离路径长度。TSP 的实例是已知一个图 G（N，E），N 是一组城市，E 是一组城市间的边。下面以 TSP 问题为例说明蚁群算法流程。

1. nc=O（nc 为迭代步数或搜索次数）；将各 T_{ij} 和 ΔT_{ij} 初始化；将 m 只蚂蚁置于 n 个顶点上。

2. 将各蚂蚁的初始出发点置于当前解集中；对每个蚂蚁 k，按伪随机比例规则式移至下一顶点 j；将顶点 j 置于当前解集。

$$s = \begin{cases} \arg\ \max\ u \in \text{allowed}_k \left\{ \left[\tau_{ij} \right]^a \cdot \left[\eta_{ij} \right]^\beta \right\}, q \leq q_0 \\ J, \qquad\qquad\qquad\qquad\qquad \text{其他} \end{cases}$$

式中，$q_0 \in [0，1]$ 为常数；$q \in [O，l]$ 为随机数；J 是根据概率公式给出的概率分布产生出来的一个随机变量。

$$P_{ij}^k(t) = \begin{cases} \dfrac{[\tau_{ij}(t)]^a \cdot [\eta_{ij}]^\beta}{\displaystyle\sum_{k \in \text{allowed}} [[\tau_{ik}(t)]^a \cdot [\eta_{ik}]^\beta]}, & j \in \text{allowed}_k \\ 0, & \text{其他} \end{cases}$$

式中，allowed_k 表示蚂蚁 k 下一步允许选择的城市集合；$\eta_{ij} = 1/d_{ij}$。

3. 计算各蚂蚁的目标函数值；记录当前的最好解。

4. 按更新式修改轨迹强度。

$$\tau_{ij}^{new} = (1-\rho)\tau_{ij}^{old} + \rho \sum_{k=1}^{m} \Delta \tau_{ij}^k$$

$$\tau_{ij}^k = \begin{cases} \dfrac{Q}{Z_k}, & (i,j) \text{在最优路径上} \\ 0, & \text{其他} \end{cases}$$

5. 对各边弧（i,j），置 nc=nc +1。

6. 如果 nc ＜预定的迭代次数且无退化行为（即找到的都是相同解），则转步骤 2。

7. 输出目前最好解。

（二）基于群体智能的混合聚类算法 CSIM

基于群体智能的聚类算法的主要思想是将待测对象随机分布在一个二维网格的环境中，简单个体如蚂蚁测量当前对象在局部环境的群体相似度，并通过概率转换函数得到拾起或放下对象的概率，以这个概率行动，经过群体大量的相互作用，得到若干聚类中心。最后，采用递归算法收集聚类结果。

群体相似度是一个待聚类模式（对象）与其所在一定的局部环境中所有其他模式的综合相似度，基本测量公式如下：

$$f(o_i) = \sum_{oj \in \text{Neigh}(r)} \left[1 - \frac{d(o_i, o_j)}{a} \right]$$

式中，Neigh（r）表示局部环境，在二维网格环境中通常表示以 r 为半径的圆形区域；表示对象属性空间里的对象 o_i 与 o_j 之间的距离，常用方法是欧氏距离；α 定义为群体相似系数，是群体相似度测量的关键系数。α 直接影响聚类中心的个数，同时也影响聚类算法的收敛速度；α 最终影响聚类的质量，若群体相似系数过大，不相似的对象可能会聚为一类，若群体相似系数过小，相似的对象可能分散为不同的类。

概率转换函数是将群体相似度转换为简单个体移动待聚类模式（对象）概率的函数。它是以群体相似度为变量的函数，函数的值域是［0，1］。同时，概率转换函数也可称为概率转换曲线。它通常是两条相对的曲线，分别对应模式拾起转换概率和模式放下转换概率。概率转换函数制定的主要原则是群体相似度越大，模式拾起转换概率越小，群体相似度越小，模式拾起转换概率越大，而模式放下转换概率遵循大致相反的规律。按照概率转换函数制定的主要原则，采用了一条简单曲线，即斜率为 k 的直线，如下所示：

$$P_\mathrm{p} = \begin{cases} 1, & f(oi) \leqslant 0 \\ 1 - kf(o_i), & 0 < f(o_i) \leqslant 1/k \\ 0, & f(o_i) > 1/k \end{cases}$$

$$P_\mathrm{p} = \begin{cases} 1, & f(o_i) \geqslant 1/k \\ kf(o_i), & 0 < f(o_i) < 1/k \\ 0, & f(o_i) \leqslant 0 \end{cases}$$

基于群体智能的混合聚类算法 CSIM 主要包括两个阶段：第一阶段是实现基于群体智能的聚类过程；第二阶段是以第一阶段得到的聚类中心均值模板和聚类中心个数为参数，实现 K 均值聚类过程。

基于群体智能的混合聚类算法 CSIM：

（1）初始化 α、ant_number、k、R、$size$、最大循环次数 n、标注类别值 clusterno 等。

（2）将待聚类模式随机分散于一个平面上，即随机赋给每一个模式一对（x，y）坐标。

（3）给一组蚂蚁赋初始模式值，初始状态为无负载。

（4）for i = 1，2，…，n；

① for j=1，2，…，ant_number；

a. 以蚂蚁初始模式对应坐标为中心，r 为观察半径，利用上式计算此模式在观察半径范围内的群体相似度。

b. 若蚂蚁无负载，则用上式计算拾起概率 P_p。

c. 与一随机概率 P_r 相比较，若 $P_\mathrm{p} < P_\mathrm{r}$，则蚂蚁不拾起此模式，再随机赋给蚂蚁一个模式值，否则蚂蚁拾起此模式，蚂蚁状态改为有负载，随机赋给蚂蚁一个新坐标。

d. 若本只蚂蚁有负载，则计算放下概率 P_d，即

$$P_\mathrm{d} = \begin{cases} 1, & f(o_i) \geqslant 1/k \\ kf(o_i), & 0 < f(o_i) < 1/k \\ 0, & f(o_i) \leqslant 0 \end{cases}$$

e. 与一随机概率 P_r 相比较，若 $P_\mathrm{d} > P_\mathrm{r}$，则蚂蚁放下此模式，将蚂蚁的坐标赋给此模式，蚂蚁状态改为无负载，再随机赋给蚂蚁一个模式值，否则蚂蚁继续携带此模式，蚂蚁状态仍为有负载，再次随机给蚂蚁一个新坐标。

（5）for i=1，2，…，pattern_num；

①若此模式未被标注类别，则

a. 标注此模式的类别。

b. 用同一类别标注值递归标注所有相距小子 dist 的模式，即在平面上收集所有属于同一集簇的模式。

c.If 同一集簇模式数 > 1，类别标注值 clustemo++；

Else 标注此模式为例外。

（6）生成聚类中心模板，即计算不包括例外的每一个聚类中心的平均值。

（7）Repeat

①（再次）将每一个模式以距离最近的规则划分到所属聚类中心。

②更新聚类中心模板。

（8）Until 聚类中心模板没有变化。

可以看出，步骤 1 ~ 3 是算法初始阶段，它的主要作用是程序初始化和在平面上随机分布模式；步骤的是基于群体智能的聚类过程，是算法的主要过程；步骤 5 是模式类别标注过程，也就是聚类结果收集过程。

二、粒子群优化

粒子群优化（Particle Swarm Optimization，PSO）算法是通过模拟鸟群觅食过程中的迁徙和群聚行为而提出的一种基于群体智能的全局随机搜索算法。粒子群优化与其他进化算法一样，也是基于"种群"和"进化"的概念，通过个体间的协作与竞争，实现复杂空间最优解的搜索。不同的是将群体中的个体看作是在 D 维搜索空间中没有质量和体积的粒子，每个粒子以一定的速度在解空间运动，并向自身历史最佳位置 Pbest 和邻域历史最佳位置 Nbest 聚集，从而实现对候选解的进化。

在算法开始时，随机初始化粒子的位置和速度构成初始种群，初始种群在解空间中为均匀分布。其中第 i 个粒子在 n 维解空间的位置和速度可分别表示为和，然后通过迭代找到最优解。在每一次迭代中，粒子通过跟踪两个极值来更新自己的速度和位置。一个极值是粒子本身到目前为止所找到的最优解，这个极值称为个体极值 $Pb_i = (Pb_{i1}, Pb_{i2}, ..., Pb_{id})$；另一个极值是该粒子的邻域到目前为止找到的最优解，这个极值称为整个邻域的最优粒子 $Nbest_i = (Nbest_{i1}, Nbest_{i2}, ..., Nbest_{id})$。粒子根据下式来更新自己的速度和位置：

$$V_i = V_i + c_1 \cdot \text{rand}() \cdot (Pbest_i - X_i) + c_2 \cdot \text{rand}() \cdot (Nbest_i - X_i)$$

$$X_i = X_i + V_i$$

式中，C_1 和 C_2 是加速常量，分别调节向全局最好粒子和个体最好粒子方向飞行的最大步长。若太小，则粒子可能远离目标区域；若太大则会导致突然向目标区域飞去，或飞过目标区域。合适的 C_1、C_2 可以加快收敛且不易陷入局部最优。rand（）是 0 ~ 1 之间的随机数。粒子在每一维飞行的速度不能超过算法设定的最大速度 V_{max}。设置较大的 V_{max} 可以保证粒子种群的全局搜索能力，V_{max} 较小则粒子种群优化算法的局部搜索能力加强。

在速度更新式中由 3 个部分构成：第一部分是 V_i，表示粒子在解空间有按照原有方向和速度进行搜索的趋势，这可以用人在认知事物时总是用固有的习惯来解释；第二部分是 $c_1 \cdot rand() \cdot (Pbest_i - X_i)$，表示粒子在解空间有朝着过去曾碰到的最优解进行搜索的趋势，这可以用人在认知事物时总是用过去的经验来解释；第三部分是 $c_2 \cdot rand() \cdot (Nbest_i - X_i)$，表示粒子在解空间有朝着整个邻域过去曾碰到的最优解进行搜索的趋势，这可以用人在认知事物时总可以通过学习其他人的知识，也就是分享别人的经验来解释。粒子群优化算法如下：

1. 初始化。设 t=0，对每个粒子 P_i，在允许范围内随机设置其初始位置 $x_i(t)$ 和速度 $v_i(t)$，每个粒子 P_i 的 $Pbest_i$ 设置为其初始位置适应值，$Pbest_i$ 中的最好值设为 $Gbest$。

2. 计算每个粒子适应值 $\tau(x_i(t))$。

3. 评价每个粒子 P_i，如果 $\tau(x_i(t)) < Pbest_i$，则 $Pbest_i = \tau(x_i(t))$，$x_{Pbest_i} = x_i(t)$。

4. 对每个粒子 P_i，如果 $\tau(x_i(t)) < Gbest$，则 $Gbest = \tau(x_i(t))$，$x_{Gbest} = x_i(t)$。

5. 调整当前粒子的速度 $v_i(t)$：

$$v_i(t) = v_i(t-1) + \rho(x_{Pbest_i} - x_i(t))$$

其中，ρ 为一位置随机数。

6. 调整当前粒子的位置 $x_i(t)$：

$$x_i(t) = x_i(t-1) + v_i(t)\Delta t$$
$$t = t+1$$

其中，$\Delta t = 1$。

7. 若达到最大迭代次数，或者满足足够好的适应值，或者最优解停滞不再变化，则终止迭代，输出最优解；否则，返回步骤（2）。

鸟群觅食的过程中，通常飞鸟并不一定看到鸟群中其他所有飞鸟的位置和动向，往往只是看到相邻的飞鸟的位置和动向。因此研究粒子群算法时，可以有两种模式：全局最优和局部最优。

基本粒子群优化算法就是全局最优的具体实现。在全局最优中每个个体被吸引到由种群任何个体发现的最优解。该结构相当于一个完全连接的社会网络，每一个个体都能够与种群中所有其他个体进行性能比较，模仿真正最好的个体。每个粒子的轨迹受粒子群中所有粒子的影响。全局模式有较快的收敛速度，但容易陷入局部极值。

而在局部模式中，粒子总根据它自己的信息和邻域内的最优值信息来调整它的运动轨迹，而不是群体粒子的最优值信息，粒子的轨迹只受自身的认知和邻近的粒子状态的影响，而不是被所有粒子的状态影响。这样，粒子就不是向全局最优值移动，而是向邻域内的最优值移动。而最终的全局最优值从邻域最优值内选出，即邻域最优值中适应值最高的值。在算法中，相邻两邻域内部分粒子有重叠，这样两相邻邻域内公共粒子可在两个邻域间交换信息，从而有助于粒子跳出局部最优，达到全局最优。

局部模式本身存在着两种不同的方式。一种方式是由两个粒子空间位置决定"邻居"，它们的远近用粒子间距离来度量；另一种方式是编号方法，即粒子群中的粒子在搜索之前就被编以不同的号码，形成环状拓扑社会结构。对于第一种方式，在每次迭代之后都需要计算每个粒子与其他粒子间的距离来确定邻居中包括哪些粒子，这导致算法的复杂度增加，算法运行效率降低；而第二种方式由于事先对粒子进行了编号，因而在迭代中粒子的邻域不会改变，这导致在搜索过程中，当前粒子与指定的"邻居"粒子迅速聚集，而整个粒子群就被分成几个小块，表面上看似乎是增大了搜索的范围，实际上大大降低了收敛速度。局部最优模式收敛速度较慢，但具有较强的全局搜索能力。

　　粒子群优化算法的优势在于算法的简洁性，易于实现，没有很多参数需要调整，且不需要梯度信息。粒子群优化算法是非线性连续优化问题、组合优化问题和混合整数非线性优化问题的有效优化工具。粒子群优化算法的应用包括系统设计、多目标优化、分类、模式识别、调度、信号处理、决策和机器人应用等。具体应用实例有模糊控制器设计、车间作业调度、机器人实时路径规划、自动目标检测和时频分析等。

第七章 人工智能中神经网络系统设计与实现研究

第一节 人工神经网络概述

深度学习应大数据而生，是机器学习、神经网络研究中的一个新的领域，其核心思想在于模拟人脑的层级抽象结构，通过无监督的方式分析大规模数据，发掘大数据中蕴藏的有价值信息。

神经网络（Neural Networks，NN），也称作人工神经网络（Artificial Neural Networks，ANN），或神经计算（Neural Computing，NC），是对人脑或生物神经网络的抽象和建模，具有从环境学习的能力，以类似生物的交互方式适应环境。神经网络是智能科学和计算智能的重要部分，以脑科学和认知神经科学的研究成果为基础，拓展智能信息处理的方法，为解决复杂问题和自动控制提供有效的途径。

现代神经网络开始于麦克洛奇（McCulloch WS）和皮兹（Pitts W）的先驱工作。麦克洛奇是神经学家和解剖学家。他用 20 年的时间考虑神经系统对事件的表示问题。皮兹是数学天才，于 1942 年开始神经计算的研究。1943 年，麦克洛奇和皮兹结合了神经生理学和数理逻辑的研究，提出了 M-P 神经网络模型。他们的神经元模型假定遵循一种所谓"有或无（AllorNone）"规则。如果如此简单的神经元数目足够多，通过适当设置连接权值并且同步操作，麦克洛奇和皮兹证明这样构成的网络原则上可以计算任何可计算的函数。这是一个有重大意义的结果，有了它标志着神经网络的诞生。

1949 年，赫布（D.O.Hebb）出版的《行为组织学》第一次清楚说明了突触修正的生理学习规则。特别是赫布提出大脑的连接随着生物学会不同功能任务而连续地变化，神经组织就由这种变化创建起来。赫布继承了拉莫尼（Ramony）和卡贾尔（Cajal）早期的假设并引入自己的学习假说：两个神经元之间的可变突触被突触两端神经元的重复激活加强。

1982 年，霍普菲尔德（Hopfield J）用能量函数的思想形成一种了解具有对称连接的递归网络所执行计算的新方法。这类具有反馈的特殊神经网络在 20 世纪 80 年代引起大量的关注，产生了著名的 Hopfield 网络。尽管 Hopfield 网络不可能是真正的神经生物系统模型，然而它们包含的原理，即在动态的稳定网络中存储信息的原理极其深刻。

20 世纪 80 年代格罗斯伯格（Grossberg）基于他的竞争学习理论的早期工作，建立了一个新的自组织原则，即著名的自适应共振理论。概括来讲，这个理论包括一个由底向上的识别层和一个由顶向下的产生层。如果输入形式和已学习的反馈形式匹配，一个叫作"自适应共振"的不定状态（即神经活动的放大和延长）产生了。

1986 年鲁梅尔哈特（Rumelhart D E）、欣顿（Hinton G E）和威廉姆斯（Williams R J）报告了反向传播算法的发展。同一年，著名的鲁梅尔哈特和麦克莱伦德（McClelland J L）编辑的《并行分布处理：认知微结构的探索（PDP）》一书出版。这本书对反向传播算法的应用产生重大影响，成为最通用的多层感知器的训练算法。事实上，反向传播学习在 1974 年 8 月 Harvard 大学的韦勃斯（Werbos PJ）的博士学位论文中已经描述了。

1990 年，汉森（Hansen LK）和萨拉蒙（Salamon P）提出了神经网络集成（Neural Network Ensemble）方法。他们证明，可以简单地通过训练多个神经网络并将其结果进行拟合，从而显著地提高神经网络系统的泛化能力。神经网络集成可以定义为用有限个神经网络对同一个问题进行学习，集成在某输入示例下的输出由构成集成的各神经网络在该示例下的输出共同决定。在 PAC 学习理论下，如果存在一个多项式级算法来学习一组概念，并且学习正确率很高，那么这组概念是强可学习的；而如果算法学习一组概念的正确率仅比随机猜测略好，那么这组概念是弱可学习的。如果两者等价，那么在机器学习中，我们只要找到一个比随机猜测略好的弱学习算法，就可以将其提升为强学习算法，而不必直接去找通常情况下很难获得的强学习算法。沙皮尔（Schapire R E）对这个重要问题做出了构造性证明，其构造过程就是 Boosting 算法。1997 年，弗洛德（Freund Y）和沙皮尔提出了 AdaBoost 算法。

在国际研究潮流的推动下，我国在神经网络这个新兴的研究领域取得了一些研究成果，几年来形成了一支多学科的研究队伍，组织了不同层次的讨论会。1986 年中国科学院召开了"脑工作原理讨论会"。1989 年 5 月在北京大学召开了"识别和学习国际学术讨论会"。

1990 年 10 月中国自动化学会、中国计算机学会、中国心理学会、中国电子学会、中国生物物理学会、中国人工智能学会、中国物理学会和中国通信学会 8 个学会联合召开"中国神经网络首届学术大会"。会议论文内容涉及脑功能及生物神经网络模型、神经生理与认知心理模型、人工神经网络模型、神经网络理论、新的学习算法、神经计算机、VL51 及光学实现、联想记忆、神经网络与人工智能、神经网络与信息处理、神经网络与模式识别、神经网络与自动控制、神经网络与组合优化以及神经网络与通信。1992 年 11 月，国际神经网络学会、IEEE 神经网络学会和中国神经网络学会等联合在中国北京召开了神经网络国际会议。

第二节　神经网络系统总体设计

一个设计良好的神经网络系统能代表问题求解的系统方法。开发神经网络系统的总体设计过程中应考虑这样几个问题：①首先分析哪类问题需要使用神经网络；②神经网络系统的整体处理过程的设计，即系统总图；③系统需求分析；④设计系统的各项性能指标；⑤预处理问题。下面就这几个问题进行讨论。

一、神经网络的适用范围

神经网络能用来解决多种问题，但并不是擅长解决所有问题。可以把要解决的问题分为四种情况：第一种情况是除了神经网络方法还没有已知的其他解决方法；第二种情况是或许存在别的处理方法，但使用神经网络显然最容易给出最佳的结果；第三种情况是用神经网络与用别的方法性能不相上下，且实现的工作量也相当；第四种情况是显然有比使用神经网络更好的处理方法。为了在不同情况下使用最适合的方法，首先要判断待解决的问题属于以上哪一种情况。这种判断需始终着眼于系统进行，力求最佳的系统整体性能。

一般最适合于使用神经网络分析的问题类应具有如下特征：关于这些问题的知识（数据）具有模糊、残缺、不确定等特点，或者这些问题的数学算法缺少清晰的解析分析。然而最重要的还是要有足够的数据来产生充足的训练和测试模式集，以有效地训练和评价神经网络的工作性能。训练一个网络所需的数据量依赖于网络的结构、训练方法和待解决的问题。例如，对 BP 网来说，对每个输出分类大约需要十几个至几十个输入模式向量；而对自组织网络来说，在选择输出节点数时，需要把估计的分类数作为一个因素考虑在内，因此每种可能的分类取十几至几十个模式只是指导性的出发点。设计测试模式集所需要的数据量与用户的需求和特定应用密切相关。因为神经网络的性能必须用足够的检测实例和分布来表示，而用于分析结果的统计方法和特性指标必须有意义和有说服力。对于哪些问题用神经网络解决效果最好，开发者需要逐渐积累经验，总结出自己的原则。

当确定一个问题要用神经网络解决后，接着就要确定用什么样的网络模型和算法。如果有一组确知分类的输入模式数据，就可通过训练 BP 网络开始试探解决问题。若不知道答案（分类）应该是什么，可从某种自组织学习网络结构入手。试验时可尝试使用不同的网络结构和网络参数（如学习率或动量系数等），并对其效果进行比较。

神经网络在应用中常常作为一个子系统在系统中的一个或多个位置出现，系统中的一个或多个神经网络往往起着各种各样的作用，在系统的详细设计过程中，要尽可能开放思路，考虑不同的作用与组合。事实上，在许多应用中都使用二十个网络或多次使用网络，还有可能采用子网络构造大结构，甚至不同的网络也可拓扑组合成一个单一的结构。例如，用自组织网络对数据进行预处理，然后用其输出节点作为执行最终分类的反向传播网络的输入节点。

又如，神经网络可作为专家系统中的数据预处理子系统，或作为从原始数据中提取参数的特征提取子系统。有时需要将多个网络模型结合使用，其中每个网络均作为综合网中的子网出现。总之，神经网络在实际应用中存在许多可能的形式，因此应用神经网络解决问题时要放开思路。

二、神经网络的设计过程与需求分析

神经网络的设计开发过程可以用图 7-1 所示的系统总图来描述。设计过程要完成的工作任务有三项：首先要做的是系统需求分析，接下来是数据准备，包括训练与测试数据的选择、数据特征化和预处理以及产生模式文件，在此过程中强调要求系统的最终用户参加，目的是保证训练数据和测试结果的有效性；第三个是与计算机有关的任务，包括软件编程与系统调试等内容。

系统需求分析一般应包括以下内容：

（1）系统需求说明。系统分析是系统开发过程中最重要的工作之一，因为此阶段的错误和疏忽会对项目产生巨大的代价。系统分析阶段的产物是系统详细需求分析文档，以便准确描述系统的行为和评估完成状况。

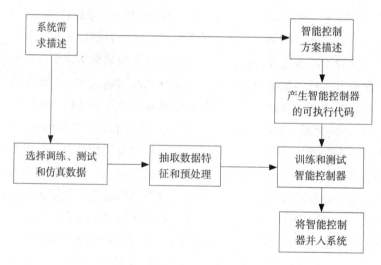

图 7-1　神经网络系统开发总图

（2）结构化分析。结构化分析使用一套工具来产生结构化需求说明，由数据流图、数据词典和结构化文字几部分组成。数据流显示的是在系统和环境间以及处理过程间的信息和控制信号流，并将需求模型图形化和生动化。使用结构化文字强调的是可读性而不是自动分析的能力，其目的是在某种程度上能与不懂计算机的用户沟通。

（3）层次结构。数据流图分等级按层次构造，可用一些相互关联的网表示。如图 7-2 所示，将整个系统看成单一的处理过程以及系统与环境间的数据流，如图 7-3 所示将单一过程扩展，揭示了关于系统模型更详尽的细节。图 7-3 中的每个过程都能够依次扩展成更详细的图表，分解可一直继续至任意的细节水平，直至最终使用结构化文字能够充分描述的最低层次。层次结构是系统建模和系统构造的有力工具，它证明了结构化分析是较有效的系统描述技术。

（4）数据词典是结构化分析的主要工具，目前普遍被用作一种称为系统百科全书的软件工程数据库，以存储数据元素说明以及系统模型中对象与方法的需求说明。

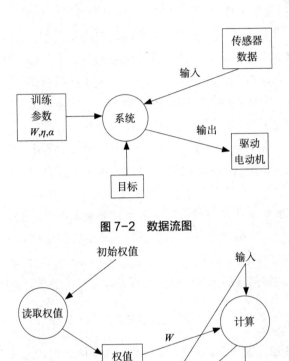

图7-2　数据流图

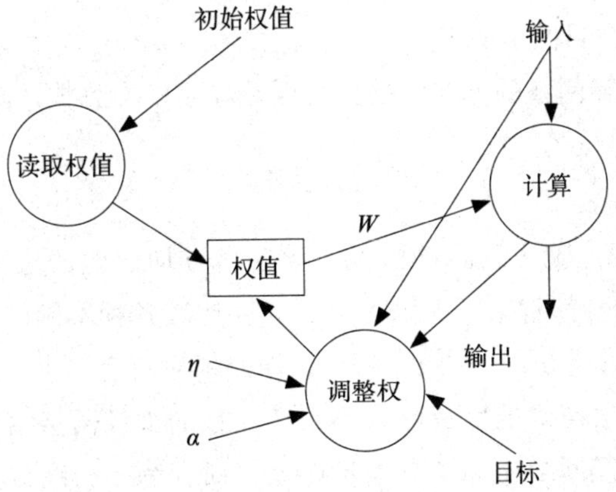

图7-3　处理过程的细化

三、神经网络的性能评价

为评价一个系统的运行质量，需要把对系统进行测试运行时得到的数据和已建立的标准相比较。为研究有关神经网络的运行质量，必须首先建立一些能反映其质量的性能指标，这些指标应对不同的网络具有通用性和可比性。目前在这方面尚缺乏系统而深入的研究，但仍可借鉴相关领域的运行检测技术。下面简要介绍关于神经网络性能评价的几个常用指标，而应用时选用哪一种指标取决于系统的类型以及使用者的技术水平等因素。

（1）百分比正确率。神经网络运行的百分比正确率就是根据某种分类标准做出正确判断的百分比。神经网络用于模式识别和分类等问题时，常用到该指标。但在某些神经网络应用中，百分比正确率的概念不太适用，应采用其他指标。为计算正确率，应选择合适的分类标准和有代表的训练集和测试集。有两个因素会影响以上选择的合理性：一个是分类标准本身的不确定问题，另一个是样本集的代表性。例如，当神经网络用于对印刷体字母分类时，不存在判断标准的不确定性问题。但是有些分类任务会存在较大的主观因素，如烤烟烟叶质量定级的分类，随专家的观点不同分类结果会略有差异。在用神经网络检测癫痫棘波时，6 位神经科医生中任何两位共同认定的单个棘波的平均一致率仅为 60%。因此，在分类之前统一观点十分重要，这需要系统最终用户的积极参与，才能正确建立统一的分类标准，训练集和测试集样本的代表性是目前神经网络开发工作正在研究的课题之一。训练集和测试集的样本以及由专家认定的代表类必须分布在所有类的范围内，包括那些在判断临界点附近的样本。设计者的人为因素也非常重要，应该避免设计者自己闭门造车地进行代表样本的分类确定工作，而要让系统的用户参与这一过程。虽然设计人员能为用户提供系统运行的技术要求等信息，但在样本设计和整个设计过程中都应该让用户尽可能发挥作用。在测试和训练中要使用不同的样本集，当样本数不充足时，可以循环利用已有的样本进行训练和测试。

此外，所选的训练集应该使每种样本的分类结果具有相同的数目。即如果神经网络有三个输出节点，对于每一次分类有一个相应的节点激活，训练样本集中每种分类结果的样本数目应该定为总样本数目的 1/3。

（2）方均误差。神经网络的方均误差为总误差除以样本总数，而总误差定义为：

$$E = \frac{1}{2} \sum_{j=1}^{m} \sum_{p=1}^{P} (d_j^p - o_j^p)^2$$

在应用方均误差时，应注意两种情况：第一，方均误差的定义公式中包括乘积因子 1/2，但是在许多应用场合都省略了该因子，因此在比较各种不同的神经网络时，应注意方均误差的计算中是否包含乘积因子 1/2。第二，误差项对所有输出节点求和时会产生一个潜在的问题，方均误差无法精确地反映具有不同节点数的神经网络结构之间的差别。如果训练一个单输出节点的神经网络能达到一固定误差，而训练一个结构基本相同的多输出节点的神经网络时，误差可能会增大，这是因为方均误差定义为除以训练集或测试集中的样本数而不是除以节点数。在某些应用场合，用户要求计算每个节点的误差，可以定义节点平均方均误差为（样本平均）方均误差除以输出节点数。由于平均节点方均误差主要用于反向传播算法，所以它主要用于 BP 网络的性能评价。

（3）归一化误差。Pinda 提出了一种与神经网络结构无关，取值为 0 ~ 1 的误差标准 Emm。定义为

$$E_{mean} = \frac{1}{2} \sum_{j=1}^{m} \sum_{p=1}^{P} (d_j^p - d_j)^2$$

式中，d_j 为所有样本在第 j 个输出节点的期望输出值的平均值；d_j^p 是第 j 个输出节点的期望输出值；P 为样本总数；m 为输出节点数。

则归一化误差 E_n 定义为总误差 E 除以上式的 E_{mean}

$$E_n = E / E_{mean}$$

归一化误差对 BP 神经网络十分有用。当神经网络"猜测"正确的输出值是平均目标值时，出现"最坏的情况"（$E_n = 1$）。当样本学习结束后，E_n 的值趋向于零，其速度取决于神经网络的结构。归一化误差反映的是基于误差的输出方差的比例，而与神经网络本身的结构（包括初始化的随机权值）无关。因此，在大多数场合，归一化误差标准是 BP 神经网络中最有价值的误差标准之一。

（4）接收操作特性曲线。评价神经网络系统的另一个途径是接收操作特性（ROC）曲线。ROC 曲线用来反映系统某一个输出节点在做出一个判断时的正确性，因此下面的讨论集中于单输出节点网络。若用判断的阳性和阴性表示将某一输入样本判断为某类的肯定与否定，一个给定输出神经元所表示的判断存在四种可能性，见表 7-1。

表7-1　ROC曲线定义中的可能性

		标准判断	
		阳性	阴性
系统判断	阳性	TP	FP
	阴性	FN	TN

第一种可能性称为真阳性判断（TP），即系统的阳性判断与根据标准得到的阳性判断相一致，如系统鉴别出神经科医生确认的癫痫棘波；第二种可能性称为假阳性判断（FP），即系统做出阳性判断而标准做出阴性判断；第三种可能性是假阴性判断（FN），即标准做出阳性判断而系统做出阴性判断，如神经科医生鉴别出的癫痫棘波系统却未找出；第四种可能性是真阴性判断（TN），即系统和标准都做出阴性判断，如系统和神经科医生都判断不存在癫痫棘波。

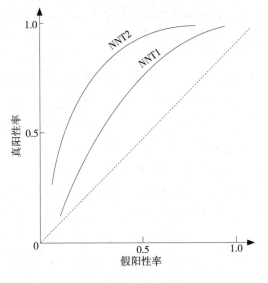

图 7-4　ROC 曲线示例

利用上述这四种可能性的两种比例可绘出 ROC 曲线如图 7–4 所示。第一种比例是 TP/（TP+FN），称为真阳性率（在某些应用场合称为灵敏度）。第二种比例是 FP/（FP+TN），称为假阳性率。ROC 曲线由真阳性率轴和假阳性率轴上的点连接而成。为了画出真阳性率 / 假阳性率坐标轴中的点，可对输出节点设置不同的判断阈值。对于每个选定的阈值，统计出系统判断结果的真阳性率和假阳性率作为 ROC 曲线上点的坐标值。图 7–4 给出了两种不同结构的神经网络的 ROC 曲线，曲线 NNT2 代表的系统比 NNTI 所代表的系统整体运行性能更好。坐标轴对角线上的虚线表示真 / 假阳性率相等，即无法判断的情况。

如果用单一指标来评价系统的运行情况，可以通过计算 ROC 曲线下所包围的面积来决定，这实际上是用 ROCf}11 线来评价系统运行性能的主要方法。整图的面积是一个单位方格，ROC 曲线以下的面积是整图的一个部分，曲线以下的面积必定在 0.5 ~ 1.0 之间，前者是当系统无法判断时对角线以下部分的面积，后者是当系统判断完全正确时曲线以下的面积。一种简单的计算方法是用直线线段连接相邻的点，并计算梯形折线以下的面积。为得到较光滑的 ROC 曲线，大约需要 9 ~ 10 个点。

（5）灵敏度、精度和特异度。灵敏度是指实际存在的事物能被检测到的可能性，也称为回忆度，其定义与 ROC 曲线定义中的真阳性率相同。在某些要求防止出现漏检事件的场合，如在预后严重的 AIND 病检测中，该指标变得非常重要。精度是系统所做出的正确的阳性判断数目除以系统做出的所有阳性判断的总数，在表 7–1 中，就是 TP/（TP+FP），它包含着假阳性判断的强度。特异度是指一件实际不存在的事物被检测为不存在的可能性，定义为 TN/（FP+TN），或称为真阴性率。

四、输入数据的预处理

在设计神经网络时，预处理是最难处理的问题之一。一是预处理有许多种类，二是预处理有许多种实现方法。大多数神经网络通常需要归一化的输入，即每个输入的值要始终在 0 和 1 之间，或者每个输入向量的长度要为常量（如 1），前者用于反向传播网络，而后者用于自组织网络。虽然对 BP 网络输入归一化的必要性看法不一，但对多数应用来说归一化是一种好的做法。

数据归一化通常有两种情况：第一种常见的情况是，输入 BP 网络各个输入节点的原始数据同源，常常代表了时间间隔的取样。例如，电压波形以一定的频率采样得到一定数目的采样值成组地输入网络。在这种情况下，归一化必须在所有的通道上统一进行。如果数据分布在最大值（X_{max}）与最小值（X_{min}）之间，则首先把所有的值加上 $-X_{min}$，使它们分布于 0 和（$X_{max} - X_{min}$）之间，然后再用每个值除以 $X_{max} - X_{min}$。这样所有的值被归一化成 0 和 1 之间的数。X_{max} 和 X_{min}，很可能从不同的通道上获得，所以又称为交叉通道归一化。第二种常见的情况是，用不同种类的参数作为输入，如电压、持续时间、波形的尖峰参数等更有可能是一些统计参数，如标准方差、相关系数和 K 方检验参数等。在这种情况下，跨所有通道的归一化会使网络的训练失败。例如，某些通道表示波形尖锐度，它们只能从 –0.1~+0.1 变化。其他通道表示波形振幅，能从 –50 ~ +50 之间变化，显然归一化后尖锐度将被振幅所淹没。每种类型通道中若存在 0.1 个单位的偏差，归一化后将变为 0.001 单位的偏差。0.1％ 的动态范同在振幅通道里可能很容易接受，然而在波形尖锐度中，0.1 的偏差代表了 50％ 的动态变化，所以会严重影响网络训练或测试时对尖锐度参数的分辨能力。当输入为不同种类的参数时，对每个通道单独归一化的优点是每个通道可在 0 ~ 1 区间反映其动态变化范同，缺点是任意两个通道之间的关系偏离了一个偏移量和多重因素的范围，因此每个通道单独归一化有时会在训练网络时造成困难。例如，用从生物电位波形中提取的参数训练网络，其中两个参数是振幅，3 个是宽度，3 个是尖锐度，另一个参数是斜率。振幅的测量单位是伏特，宽度是秒，而尖锐度是度数。对于宽度参数，把其中两个相加成为过零点间半波的宽度，第三个是半波二阶导数的两点间宽度。在原始数据中，前两个宽度之和总是大于第三个宽度，而其中任意一个小于第三个宽度。这一类关系以及在两个宽度或 3 个尖锐度参数之间存在的类似的其他关系，在单独通道的归一化处理中就被遮掩。

第八章　人工智能可穿戴设备关键技术研究

第一节　智能穿戴设备的发展与应用

可穿戴设备即直接穿戴在身上或者整合到用户的衣服或配件上的一种便携式设备，可穿戴设备不仅是一种硬件设备，穿戴式智能设备是对可穿戴式硬件设备进行智能化设计、研发的全过程，如眼镜、手套、手表、服饰及鞋等，还可以通过软件支持、互联网＋以及数据交互、云端交互来实现强大的交互功能，可穿戴设备将会对我们的生活、感知带来巨大的改变。广义穿戴式智能设备包括功能全、尺寸大、可不依赖智能手机实现完整或者部分的功能，如智能手表、智能眼镜以及智能手环等，以及只专注于某一类应用功能，需要和其他设备（如智能手机）配合使用，如各类进行医疗监测的智能手环、智能首饰等。随着技术的进步以及用户需求的变迁，可穿戴式智能设备的形态与应用热点也在不断变化。

穿戴式技术在国际计算机学术界和工业界一直备受关注，只不过由于造价成本高和技术复杂，很多相关设备还停留在概念领域。随着移动互联网的发展、技术的进步和高性能低功耗处理芯片的推出等，部分穿戴式设备已经从概念化走向商用化，新式穿戴式设备不断出现，谷歌、苹果、微软、索尼、奥林巴斯、摩托罗拉等诸多科技公司开始在这个全新的领域深入探索、研究和开发。

穿戴式智能设备拥有多年的发展历史，穿戴式智能设备的设计思想和雏形在 20 世纪 60 年代就已出现，而具备可穿戴式智能设备形态的设备则于 70 至 80 年代出现，史蒂夫·曼基于 Apple-II6502 型计算机研制的可穿戴计算机原型就是其中的代表。随着计算机标准化软、硬件以及互联网技术的高速发展，可穿戴式智能设备的形态开始变得多样化，逐渐在工业、医疗、军事、教育、娱乐等诸多领域表现出重要的研究价值和应用潜力。

在学术科研层面，美国麻省理工学院、卡耐基梅隆大学、日本东京大学的工程学院以及韩国科学技术院等研究机构均有专门的实验室或研究组专注于可穿戴智能设备的研究，拥有多项创新性的专利与技术，中国学者在 20 世纪 90 年代后期开展可穿戴智能设备的研究。在机构与相关活动领域，美国电气和电子工程师协会成立了可穿戴 IT 技术委员会，并在多个学术期刊设立了可穿戴计算的专栏。国际性的可穿戴智能设备学术会议 IEEEISWC 自 1997 年首次召开以来已举办了 20 届。

在中国国家自然科学基金委的支持下，由中国计算机学会、中国自动化学会、中国人工智能学会等主办召开了 3 届全国性的可穿戴计算学术会议。另外，中国国家自然科学基金委和中国国家"863 计划"也支持多项可穿戴式智能设备相关技术产品研发项目。

在可预见的未来，可穿戴智能设备将用于办公、娱乐、运动、健康等领域，这也令这个市场看起来更加诱人。那些可以穿在身上的智能设备以前只能在电影中才能看到，随着科技的不断进步，这些电影中的情节正在变为现实。从谷歌眼镜到乐源 fashioncomm、苹果 iWatch 再到三星 GalaxyGear，人们已经越来越关注可穿戴智能设备。对于用户来说，尽管这些智能设备的功能还无法与智能手机、平板电脑相媲美，但类似于眼镜、手表、腕带等可以解放双手的智能小物件依然充满了吸引力。对于大型跨国企业来说，这些智能设备能够让管理者以更低的成本获得全球各个分支最及时的信息反馈。

国际著名调查机构 Visiongam 指出，未来 5 年可穿戴智能设备市场的发展将如近年来智能手机和平板电脑的发展一样引领相关科技企业新一轮的爆炸式增长，这些企业的收入前景也非常乐观。市场研究机构 Juniper Research 在其报告中认为，在未来一年的时间里，除了谷歌、乐源、苹果和三星以外，宏碁、英特尔、微软、LG 有望试水这一领域。

穿戴式智能设备的本意是探索人和科技全新的交互方式，为每个人提供专属的、个性化的服务，设备的计算方式要以本地化计算为主。只有这样才能准确地定位和感知每个用户的个性化、非结构化数据，形成每个人随身移动设备上独一无二的专属数据计算结果，并以此找准直达用户内心真正有意义的需求，最终通过与中心计算的触动规则来展开各种具体的针对性服务。穿戴式智能设备已经从幻想走进现实，它们的出现将改变现代人的生活方式。

一、智能眼镜

纵观市场上出现的几款智能可穿戴设备，以谷歌为代表的智能终端设备谷歌眼镜（Google Glass）定义了下一代智能设备的雏形，是可穿戴设备的一个典型代表，如果我们戴着 Google Glass 出门，就可以抛弃传统的智能手机了。谷歌眼镜（Google Glass）是由谷歌公司于 2012 年 4 月发布的一款"拓展现实"眼镜，它具有和智能手机一样的功能，可以通过声音控制拍照、视频通话和辨明方向、上网冲浪、处理文字信息以及收发电子邮件等。谷歌眼镜的外观类似一个环绕式眼镜，其中一个镜片具有微型显示屏的功能，如图 8-1 所示。

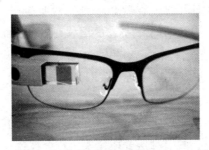

图 8-1 谷歌眼镜

谷歌眼镜主要由镜架、相机、棱镜、CPU 以及电池等组成，当谷歌眼镜工作时，先由相机捕捉画面，然后通过一个微型投影仪和半透明棱镜将图像投射在人体视网膜上。此外，谷歌眼镜的 CPU 部分还集成有 GPS 模块。

谷歌眼镜承载着可穿戴设备的开端，它极具想象空间，前途不可限量。谷歌眼镜具有以下基本特点。

（1）精巧且功能强大。谷歌眼镜包含了很多高科技，包括蓝牙、Wi-Fi、扬声器、照相机、麦克风、触摸盘以及探测倾斜度的陀螺仪等，还有最重要的手指般大小的屏幕，能够帮助用户展示需要的信息。其所有的设计都非常贴近实用，尽量不影响我们的日常生活。

（2）语音控制命令。谷歌眼镜配备了音控输入设备，可以通过麦克风来启动，只要说"ok，glass"即可，当然也可以通过手指来触发。另外可以通过口令来启动视频或者照相，最重要的是还可以使用侧面的触摸垫来选择菜单。

（3）无扰模式，解放双手。谷歌眼镜用户可以在真实的世界中移动，可以通过语音指令来使用 photoapps 照相，而不用传统的拍照方式来获取图片，解放了双手，同样可以帮助用户实时摄像，而不干扰用户欣赏比赛的激动时刻。

（4）强大的网络功能，持续工作永不停歇。使用谷歌眼镜可以随时连接到互联网拍摄视频或者照相，可以在出去参加会议时依旧处理相关的工作而不需要待在桌子旁边。其强大的音频输入允许用户快速处理文字信息、添加视频和图片，并且通过移动连接发送，而不必拿出手机。

（5）强大的导航功能。谷歌眼镜拥有导航功能，有了谷歌眼镜肯定不会再迷路了，让用户感觉犹如来到未来，相信喜欢看科幻电影的朋友对于这种实时实景的导航并不陌生。它帮助用户开启行走导航，甚至开车导航。

（6）实时采集。这是谷歌眼镜最强大的地方，实时采集信息，想象一下如果需要搭乘飞机旅行，GoogleNow 将帮助用户安排行程，提醒相关的路况信息，甚至是酒店，出租安排，服务全面、系统、贴心。

（7）设备兼容。谷歌眼镜不仅支持 Android，也支持 iOS。它作为第三方的设备存在，可以让用户不掏出手机即可接听电话。

（8）时尚装饰品。谷歌眼镜的设计绝对是一流水准，可以将它作为一个时尚的装饰品，它有 5 款不同的颜色，由超棒的眼镜公司设计，绝对不同凡响。

（9）支持流媒体。在启动时，谷歌眼镜将提供新的语音命令"收听"。用户说出一首歌或一名歌手的名字，随后即可通过谷歌 Play 商店收听流媒体音乐。如果用户启用谷歌 Play 账户，那么还可以基于历史记录获取推荐的播放列表和歌曲。

谷歌眼镜开创了头部穿戴设备热潮，Virglass 专注于可穿戴设备虚拟现实技术的研究与产业化，Virglass 可穿戴智能设备上海某移动互联网公司正在研发一款名为"Virglass"的可穿戴智能设备。这款号称"中国版谷歌眼镜"的 Virglass 是一款基于虚拟现实的视觉娱乐穿戴设备，并非是此前网上传闻的 GoogleGlass 同类产品。Virglass 幻影虚拟现实头盔安全、可靠、防辐射，提供 IMAX 巨幕体验，具有顶级光学镜头，符合极致人体工程学，外观时尚，专享虚拟现实 APP，提供 360° 全景体验以及 3D 私人影院。Virglass 智能眼镜采用世界最先进的虚拟现实技术，用户可以在现实世界中模拟出一个虚拟的 3D 世界，戴上 Virglass 智能眼镜，可享受沉浸式的完美 3D 体验。用户透过镜片可以看到等同于在 5m 外观摩 35m 宽的 3D 荧屏巨幕的效果，真正的 3D 环绕、立体音效，保证无损超清画质。如图 8-2 所示。

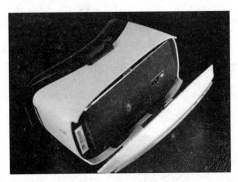

图 8-2　Virglass 智能眼镜

二、智能手表

　　智能手表此前已经在三星、索尼、中兴等公司推出，在真正的智能手表的革命变革浪潮中，苹果 iWatch 可穿戴智能手表是典型代表。iWatch 可穿戴智能手表的高端版价格在数千美元以上，甚至可以直接"进驻"高端奢侈品。

　　AppleWatch 是苹果公司于 2014 年 9 月公布的一款智能手表，它有 AppleWatch，AppleWatchSport 和 AppleWatchEdition 几种风格不同的系列。AppleWatch 采用蓝宝石屏幕与 ForceTouch 触摸技术，有多种颜色可以选择。3 个系列都于 2015 年 4 月 10 日接受预订，从 4 月 24 日起正式发售。其首发地区为中国大陆、中国香港，美国、日本、英国、法国、加拿大、澳大利亚。2015 年 9 月 10 日，苹果公司推出了多个新版本的 AppleWatch，包括新增配色、爱马仕版的皮制表带以及多种颜色的表带。

　　AppleWatch 采用蓝宝石屏幕，两个屏幕尺寸，支持电话，语音回短信，连接汽车，提供天气、航班信息，地图导航，播放音乐，测量心跳、计步等几十种功能，是一款全方位的健康和运动追踪设备。不仅如此，库克在发布会上表示："我们不想把 iPhone 的界面缩小了放在你的手腕上"。这是一款革命性的产品，用户界面经过了全新的设计。如图 8-3 所示。

图 8-3　AppleWatch 可穿戴智能手表

随着可穿戴科技时代来临，智能手表大变身，谷歌眼镜的出现使可穿戴的高科技产品开始受到越来越多人的青睐，酷炫的外形和高大上的科技含量让这些充满奇思妙想的可穿戴小物件得到了日新月异的发展。

三、智能手环

真正的可穿戴智能手环 Cicret 可以颠覆 iPhone，Cicret 内置了微型的投影装置，可以将屏幕投射到用户的手臂上。同时，手环内部还有 8 个红外接近传感器，可以检测到用户在投影屏幕上触控的动作，然后将信息发送到手环的处理器。也就是说，用户可以在手臂上发送信息，而不必将手机掏出来。这款手环比其他可穿戴智能设备更加独立，它本身自带处理器、闪存、震动马达、Wi-Fi 和蓝牙模块、传感器和投影仪，不依赖智能手机也能正常使用。

不仅如此，Cicret 智能手环还具有安全隐蔽功能。CicretAPP 能将用户进行的聊天和分享等设置为匿名操作。而对于已经发送的信息，它还可以定义发件箱内容的存储时间，远程修改或删除。这个 APP 采用的是创新的加密技术，能确保用户的隐私安全。

Cicret 能把用户的手臂变成屏幕，听起来有点难以置信。Cicret 是一款让人能在皮肤上直接操控智能设备的智能手环，确切地说是把智能设备投影到用户的手臂上，让用户可以用手直接去控制，如图 8-4 所示。

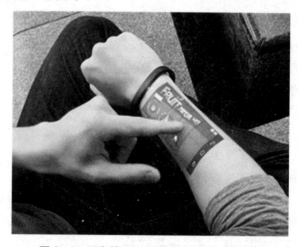

图 8-4 可穿戴 Cicret 智能手环的设计效果

四、智能手套

创意来自于 Francesca Barchie 的交互式智能手套是一款基于手势控制和 3D 投影的可穿戴智能设备，包含 Camera（摄影机）、Speaker（扬声器）、Microphone（麦克风），这款设备结合了可穿戴设备和智能相机两种特性。这款产品不仅能够拍照和录像，而且能够用于帮助企业展示项目进程，帮助正常人识别聋哑人的手语，从而实现不懂手语的人也能和聋哑人正常沟通的功能。

可穿戴智能手套最大的特点就是轻薄，就像是手上的涂鸦，又似人体的第二层皮肤。对于智能手套的使用，手势控制可以进行输入，3D 投影负责输出，从而实现交互。将食指和拇指圈成一圈，放眼睛前面就能拍照，两人握手就能交换信息，还能直接测量物体的长度，并由 3D 投影直接投出来。如图 8-5 所示。

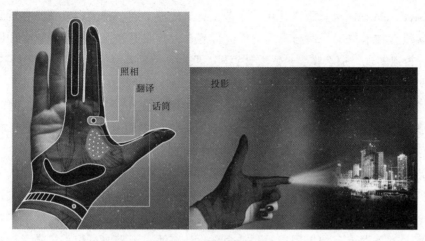

图 8-5　可穿戴智能手套

五、智能配饰

女性首选配饰有高科技智能项链 Purple 等。智能项链 Purple 内置蓝牙，可以与智能手机连接并使用应用程序管理，支持 Facebook instagram 等社交应用及 SMS 短信，使用应用程序指定几个亲人和挚友，他们的消息、照片便会显示在圆形的屏幕上，如图 8-6 所示。

智能项链 Purple 的通知形式很有趣，项链拥有一个边缘微微翘起的盖子，获取新照片及消息时屏幕便会发光、渗透出一些光芒，通知用户打开盖子查看照片。智能项链 Purple 的操作非常简单，基本上只允许左右滑动，不会显示繁杂的信息。唯一的一个额外功能称为 "ThePeek"，当用户看一张照片时，可以查看照片来自谁，以及哪些好友在查看这张照片，另外还可以使用预设文字快速回复，并分享给他人。

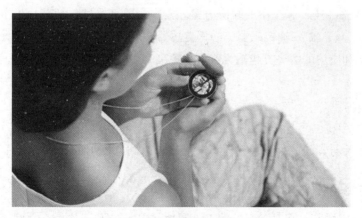

图 8-6　智能项链 Purple

六、全息眼镜

因为技术的限制，可穿戴设备一直处在一个鸡肋的尴尬境地。曾经最受关注的 Google Glass 一波三折，当用户备感失望的时候，Microsoft HoloLens 全息眼镜带来了新的曙光。

Microsoft HoloLens 全息眼镜让用户在该设备上能够上网、聊天、看新闻和玩游戏，通过虚拟现实增强技术将这一切与现实世界进行复合，获取更加强大的感观感受和体验。如果这个目标得以实现，那么将会进入继计算机互联网和移动互联网后的又一个互联网——可穿戴互联网。

自苹果公司重新定义了智能手机之后，整个世界快速进入到了移动互联网时代，背后最根本的原因是移动互联网实现了一种更加灵活、方便且永不下线的上网方式，而 Microsoft HoloLens 全息眼镜将重新定义互联网的入口。

结合虚拟 / 增强现实技术，可穿戴眼镜除了可以上网以外，还可以带来无法估量的想象空间。当虚拟 / 增强现实和可穿戴技术足够成熟的时候，手机作为互联网的终端地位或许将会被完全颠覆，基于互联网的各种商业模式都将被改变。

在可穿戴互联网上，如果用户看到一个喜欢的东西，不需要再用手机或者计算机打字搜索，可以通过智能语音搜索技术或者是其他的技术，直接用智能眼镜去扫描物体，智能眼镜上面会显示出相关信息，整个过程人们连动一下手指都不必要，这明显是一种比手机还要方便的上网方式。

对于可穿戴智能交互技术，可穿戴智能眼镜和手环才是可穿戴设备最理想的载体，通过可穿戴智能眼镜和手环配合实现人机交互是最理想的状态。除了"意念控制"以外，消费级虚拟现实设备的体积会越来越趋向于便携、轻量及时尚的方向。

第二节　智能穿戴设备的关键器件

可穿戴设备蓬勃发展的先决条件是上游相关产业的发展和推动，包括可穿戴设备采用的关键器件以及关键技术和应用的解决方案。其中，关键器件包括芯片（主控芯片、蓝牙芯片等）、传感器（3 轴 /6 轴传感器、心率传感器、环境传感器等）、柔性元件及屏幕、电池等。关键技术和应用的解决方包括无线连接解决方案、交互模式革新、整体解决方案等。

一、芯片

相比较智能手机，可穿戴设备中的芯片种类和数量要少很多。根据芯片不同的功能，可以分为主控芯片与其他芯片，包括但不限于蓝牙、Wi-Fi，GPS，NFC 芯片等。

（一）主控芯片

可穿戴设备内置芯片包括 SoC，MCU，蓝牙，GPS，KF 芯片等，不同的可穿戴设备形态将采用不同的芯片组合。一些主要的产品形态采用的芯片组合情况如表8-1所示。

表8-1 不同产品形态可穿戴设备所采用的芯片组合

产品形态	所采用的芯片组合	代表产品
智能手表（具备独立无线通信功能）	SoC（AP、基带），蓝牙，Wi-Fi，GPS，RF	国内部分智能手表品牌
智能手表（不具备独立无线通信功能）	MCUorAP，蓝牙，Wi-Fi	AppleWatch，Moto360，三星GalaxyGear，PebbleWatch
智能手环	MCU，蓝牙	Fitband
智能眼镜	AP，蓝牙，Wi-Fi，GPS	谷歌眼镜

　　根据是否具备无线通信功能，可穿戴设备大体可以分为两类：具备独立无线通信功能的和不具备无线通信功能的。具备无线通信功能穿戴设备的芯片方案类似于智能手机，采用SoC芯片解决方案或者AP+基带的解决方案。基于功耗及续航能力的考虑，现阶段绝大多数可穿戴设备并不具备无线通信功能，而是通过Wi-Fi或者蓝牙与智能设备和网络连接：当前仅三星GalaxyGearS，OmateTrueSmart智能手表支持无线通信功能（独立拨打电话）。另外，国内部分智能手表产品支持独立通话，多采用MTK的手机解决方案。

　　现如今的可穿戴设备多采用AP，AP+MCU或MCU的解决方案，已上市或已发布的部分可穿戴设备芯片方案如表8-2所示。

表8-2 部分可穿戴产品芯片方案

类型	代表产品	主芯片方案
智能眼镜	谷歌眼镜	TlOMAP4430
智能手表	三星 GalaxyGear	Exynos800MHz+MCUSTM32
	三星 GalaxyGear2	1GHz 双核 +ST32F401B
	Moto360	TlOMAP3630
	LGGWatch	骁龙 400APQ8026
智能手环	JawboneUP2	TIMSP430F5548
	FitbitFlex	STSTM32L
	小米手环	DialogDA14580
	咕咚手环 2	STSTM32L+STM8L

由上述已上市或已发布的具有代表性的可穿戴产品小结可以看出，可穿戴设备采用的芯片方案可以分为以下几类，如表8-3所示。

表8-3　可穿戴设备芯片分类

芯片方案	功　能	主要供应商
SoC	主控芯片，支持通信功能，类似手机芯片	MTK
AP	主控芯片，支持较为复杂的运算和应用场景（浏览网页、导航、蓝牙电话等）	Tl、三星、高通、君正
AP+MCU	CPU 主控芯片 + 微控制器芯片管理 Sensor	TI、三星、ST
MCU	微控制器芯片	ST.TI
其他	基于可编程 BLE，Wi-FiSoC，内置 Cortex-M0 等超低功耗处理器	Dialog，Cypress，TI，博通

已发布产品采用的 SoC 或 AP 基于 ARMCortex-A 系列内核，主要面向移动 CPU 开发的芯片；MCU 则是基于 ARMCortex-M 系列内核，主要向可穿戴和嵌入式产品开发的芯片。与智能手机市场 ARM 架构一统天下不同，在可穿戴设备领域，基于 MIPS 架构的芯片方案、基于英特尔（Intel）x86 架构的可穿戴设备芯片产品都已发布并有一定应用。由此可见，可穿戴设备芯片目前还处于碎片化状态，未来也有可能多样化，功耗大小是可穿戴设备选择芯片的首要考虑因素。

其中，与手机、平板电脑等传统智能设备不同，MCU 是常见可穿戴设备的标配（MIPS架构的智能手表除外），如手环等设备大都是基于 MCU 方案进行设计和研发的。MCU 对腕带类可穿戴产品的功耗和待机时间起决定作用，按照产品的不同类型和性能要求，应该选择不同的 MCU 芯片，如表 8-4 所示。

表8-4　腕带产品对MCU的选择

特　性	基本款	中　级	最　优
显　示	无 /LED	小型 LCD	中型 LCD
传感器	Limited	Limited	Multiple
处理需求	低	中　等	高
MCU	Cortex-M0+	Cortex-M3	Cortex-M4

主要的芯片厂商均积极布局可穿戴领域，发布了一系列专门的芯片产品或平台方案，力求占领市场先机，其中具有代表性的产品如下。

（1）英特尔：Edison。基于 x86 芯片 Atom 和微处理器 Quark 打造，双核 CPU，2G 存储，支持 Wi-Fi 和蓝牙，可同时支持 RTOS 和安卓系统。

（2）联发科：Aster。专为可穿戴与物联网设计的 SoC，封装尺寸 5.4mm×6.2mm，并推出整合 AsterSoC 的开发平台 Linklt，提供完整参考设计及硬件开发工具包。

（3）君正：Newton。基于 MIPS 架构，搭载 JZ4775 低功耗高性能应用处理器，集成九轴传感器、温湿度传感器、心电传感器等器件。

（4）飞思卡尔：WaRP。开源可穿戴产品参考设计平台，基于飞思卡尔 CPU 及 MCU 打造，联合传感器等合作伙伴，提供完整的、多用途的可穿戴产品参考设计。

（5）意法半导体：多款 MCU 产品。基于 ARMCortex-M 系列内核，被多款设备采用。

（6）联芯科技：LC171x。在传统 GPS 定位的基础上，创新增加实时视频监控传输、语音呼叫、电子围栏及 SOS 紧急定位等功能。

展望未来，可穿戴设备的品种更加丰富，芯片解决方案也会更加成熟和多样。错失智能手机爆发期的 x86，MIPS 阵营将会与 ARM 阵营同台竞技。低功耗、高集成会是主要发展方向，包括 OS，APP 在内的生态系统建设也左右了不同架构芯片的发展前景，ARM 在手机和平台领域一统天下的局面可能会被打破。

（二）其他芯片

除了主控芯片外，低功耗蓝牙、Wi-Fi，GPS，NFC 以及基带射频芯片（具备独立无线通信功能的设备所需）等也是可穿戴设备的常用芯片。这几类芯片会根据不同的目标产品和应用场景被开发成不同的芯片组合（蓝牙、蓝牙+Wi-Fi，GPS、蓝牙+Wi-Fi+GPS 等），单一类型的芯片方案往往应用在功能相对简单的可穿戴设备和物联网（IoT）领域。主要的供应商如表 8-5 所示。

表8-5　可穿戴设备常用的其他芯片及主要供应商

芯　片	功能	主要供应商
蓝　牙	低功耗蓝牙、BLE、连接可穿戴设备与手机或其他连接中心设备	博通、Dialog，Cypress，Tl
Wi-Fi	网络接入	博通、TI
GPS	接收卫星信号，定位可穿戴设备位置	博通、高通
NFC	近场通信，移动支付	NXP，ST、博通、高通

1）蓝牙芯片。蓝牙芯片是可穿戴设备标配，可以实现与手机等中心设备连接、数据交换和传输等功能。

①蓝牙 4.0。2010 年，蓝牙 4.0 版本发布，将三种规格集一体，包括传统蓝牙技术、高速技术和低耗能技术。它与 3.0 版本相比最大的不同就是低功耗——4.0 版本的功耗较老版本降低了 90%。蓝牙低功耗技术是基于蓝牙低耗能无线技术核心规格的升级版，为开拓钟表、远程控制、医疗保健及运动感应器等在内的广大新兴市场奠定了基础。可穿戴设备已

经成为低功耗蓝牙应用的一个重要领域，蓝牙功能也成为可穿戴设备的一个标配功能。

与智能手机领域中蓝牙只是附属功能不同，可穿戴设备，尤其是手环类较为简单的产品，往往基于低功耗蓝牙解决方案设计和研发：由于看到低功耗蓝牙广阔的应用前景，主要蓝牙供应商博通、Dialog，Cypress，TI 等均推出低功耗蓝牙（BLE）的可编程 SoC，进一步降低功耗与开发难度，也使得低功耗蓝牙市场竞争进一步加剧。

②蓝牙4.1。2013 年年底，蓝牙 4.1 版本发布，在 4.0 低功耗的基础上，面向物联网（IOT）对通信功能进行改进。在蓝牙 4.0 时代，所有采用了蓝牙 4.0LE 的设备都被贴上了"Bluetooth Smart"和"Bluetooth Smart Ready"的标志。其中，"Bluetooth Smart Ready"设备是指 PC、平板电脑、手机这样的连接中心设备，而"Bluetooth Smart"设备是指蓝牙耳机等扩展设备。之前这些设备之间的角色是早就安排好的，并不能进行角色互换，只能进行 1 对 1 连接。而在蓝牙 4.1 技术中，允许设备同时充当"Bluetooth Smart"和"Bluetooth Smart Ready"两个角色的功能。这就意味着能够让多款设备连接到一个蓝牙设备上。举一个例子：一个智能手表既可以作为中心枢纽，接收从健康手环上收集的运动信息，同时又能作为一个显示设备，显示来自智能手机上的邮件、短信。借助蓝牙 4.1 技术，智能手表、智能眼镜等设备就能成为真正的中心枢纽。

除此之外，可穿戴设备上网不易的问题也可以通过蓝牙 4.1 进行解决。新标准加入了专用通道，允许设备通过 IPv6 联机使用。举例来说，如果有蓝牙设备无法上网，那么通过蓝牙 4.1 连接到可以上网的设备之后，该设备就可以直接利用 IPv6 连接到网络，实现与 Wi-Fi 相同的功能。

蓝牙 4.1 不仅可以向下兼容蓝牙 4.0，更重要的是对现有的蓝牙 4.0 设备来说，不需要更换芯片，只需要升级固件就可以升级到蓝牙 4.1。

③蓝牙4.2。2014 年 12 月发布了蓝牙 4.2 标准。在蓝牙 4.2 标准下，设备之间的数据传输速度提升了约 2.5 倍，蓝牙智能数据包可容纳的数据量相当于此前的约 10 倍。它的安全性得到提升。如果没有得到用户许可，蓝牙信号将无法尝试连接和追踪用户设备，并且无法进行智能定位。

它推动了 IPv6 协议引入蓝牙标准的进程。蓝牙 4.2 设备可以直接通过 IPv6 和 6LoWPAN 接入互联网，且支持低功耗 IP 连接，为可穿戴产品的联网提供了又一便捷方式。

蓝牙 4.0 可以通过软件升级支持 4.2 版本的部分特性。

（2）Wi-Fi 芯片。Wi-Fi 技术是符合 IEEE 标准的无线接入技术，可实现个人计算机、手持设备等终端与无线路由器的连接，实现浏览网页、收发邮件以及其他需要联网的功能，目前在全球得到广泛应用。Wi-Fi 经历了 802.11a/g/b/n/ac 五代标准，其中 802.11n 是目前的主流应用，802.11ac 是最新标准，可达 1 Gbps 的无线速度。

为适应可穿戴设备低功耗的需求，与低功耗蓝牙类似，低功耗 Wi-Fi 技术和方案也正在蓬勃发展。德州仪器（TI）推出了其面向物联网应用的新型 SimpleLinkWi-FiCC3100 和 CC3200 平台。它独有的低功耗设计，可以满足使用电池的可穿戴设备需求。

低功耗 Wi-Fi 芯片和方案的成熟和普及为可穿戴设备或物联网提供了直接联网的能力，摆脱了对手机的依赖。

（3）GPS 芯片。GPS 芯片原指可以利用美国全球定位系统（Global Positioning System, GPS）卫星信号进行定位的芯片，现泛指可以进行卫星定位的芯片，可以利用美国 GPS 信号，也可以利用俄罗斯的格洛纳斯（GLONASS）、中国的北斗卫星信号进行定位。多数芯片同时支持这三种定位系统。内置 GPS 芯片的穿戴设备可提供位置信息，实现与位置信息相关的各种应用。

GPS 芯片即包含了 RF 射频芯片、基带芯片及微处理器的芯片组。为迎接可穿戴设备和智能硬件浪潮，GPS 与 MCU 集成的 SoC 也应运而生，如图 8-7 所示。博通率先发布 BCM4771 和 BCM4773 两款基于 GPS 与 MCU 的 SoC 芯片方案，解放应用处理器（AP），达到节电和减少电路板面积的目的，功耗和成本双双下降。内置的 MCU 可以与 Wi-Fi、蓝牙、MEMS 传感器相连，为设备带来更强的智能情景感知能力。

图 8-7　基于 GPS 与 MCU 的 SoC 方案

（4）NFC 芯片。近场通信（Near Field Communication, NFC）是一种非接触式识别互联技术，可以在移动设备、PC 和智能设备之间进行近距离无线通信。NFC 芯片是 NFC 技术的重要组成部分，其具有通信功能和一定的计算能力，部分 NFC 芯片产品甚至含有加密逻辑电路以及加密 / 解密模块。

智能手机本身并不具有大范围普及移动支付的天性，而搭载 NFC 技术的可穿戴设备则能提供更好的便携性和更广泛的服务。因此，可穿戴设备可能会取代智能手机，成为移动支付的未来。NFC 芯片不仅可以使腕戴设备实现移动支付功能，也可以成为你的公交卡、工卡、车库钥匙、家门钥匙等，如图 8-8 所示。AppleWatch 率先通过 NFC 技术支持 ApplyPay，三星也将在智能手表中内置 NFC 芯片提升 FDD-LTE 网络覆盖，打造无缝漫游的优质网络，奠定服务基石。

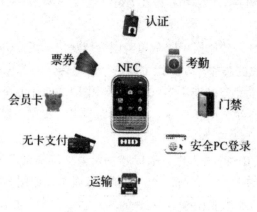

图 8-8　NFC 芯片及应用

综上，面向可穿戴设备领域的蓝牙、Wi-Fi，GPS 芯片主要采用可编程 SoC 方案为主的低功耗设计，也就是通过集成 MCU（根据不同的性能需求和应用场景集成 M0\M4 处理器），解放 AP 与传感器的数据连接、降低 AP 负载或者干脆取代 AP，从而达到降低功耗的目的。根据不同的应用场景和设备类型，将有不同的芯片组合（多芯片集成方案），而低功耗设计是共同的目标。除可编程 SoC 及多种芯片集成的低功耗方案外，采用 40nm 甚至更先进的工艺制程也可进一步降低功耗。

二、传感器

可穿戴设备的另一核心部件即各式各样的传感器，它也是必不可少的器件之一。不同的可穿戴产品面向的用户不同，使用目的不同，内置的传感器也不尽相同。可穿戴设备中的传感器根据功能可以分为以下几类。

（一）运动传感器

包括加速度传感器、陀螺仪、地磁传感器（电子罗盘传感器）、大气压传感器（通过测量大气压力可以计算出海拔高度）、触控传感器等。主要实现运动探测、导航、娱乐、人机交互等功能。其中，电子罗盘传感器可以用于测量方向，实现或辅助导航。通过运动传感器随时随地测量、记录和分析人体的活动情况具有重大价值，用户可以知道自己的跑步步数、游泳圈数、骑车距离、能量消耗和睡眠时间，甚至可以分析睡眠质量等。运动传感器的主要国内厂商包括美新半导体有限公司、明皜传感科技有限公司、矽睿科技股份有限公司、深迪半导体有限公司、杭州士兰微电子股份有限公司、苏州敏芯微电子技术有限公司等。运动传感器如图 8-9 所示。

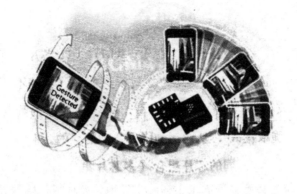

图 8-9　运动传感器

（二）生物传感器

包括血糖传感器、血压传感器、心电传感器、肌电传感器、体温温传感器、脑电波传感器等。这些传感器主要实现的功能包括健康和医疗监控、娱乐等。可穿戴设备中应用的这些传感器，可以实现健康预警、病情监控等。医生可以借此提高诊断水平，家人也可以与患者进行更好的沟通。生物传感器的主要国内厂商包括神念电子科技有限公司、上海敏芯信息科技有限公司、深圳纳新微电子科技有限公司等。生物传感器如图 8-10 所示。

图 8-10　生物传感器

（三）环境传感器

包括温湿度传感器、气体传感器、pH 传感器、紫外线传感器、环境光传感器、颗粒物传感器、气压传感器等。这些传感器主要实现环境监测、天气预报、健康提醒等功能。环境传感器的主要国内厂商包括无锡康森斯克电子科技有限公司、郑州炜盛电子科技有限公司、艾谱科微电子有限公司、芯晨科技有限公司、苏州敏芯微电子技术有限公司、无锡芯奥微传感技术有限公司等。环境传感器如图 8-11 所示。

图 8-11　环境传感器

目前，对动作和位置传感器的需求占据着主导地位，环境传感器和生物传感器在这一市场关键增长领域中具有很大的发展潜力。从现有的可穿戴产品来看，加速度计、陀螺仪、红外线感应器、可见光感应器是常用的传感器。

（四）加速度计

加速度计（G-sensor）也被称作重力感应器，用于测量设备各轴的加速大小，包括重力加速度和运动加速度，来判断设备的运动状态。加速度计有两轴加速度计（平面测量，感知设备平面内的加速度情况，实现横竖屏切换及一些简单应用）和三轴加速度计（立体测量，感知设备立体空间的加速度情况）。可穿戴设备一般配备三轴加速度计，主要供应商也积极推出低功耗、小体积的加速度计产品来适应手环、手表等可穿戴产品的需求。几款主流加速度计产品如表 8-6 所示。

表8-6　几款主流加速度计产品

型　号	厂　商	特　性	代表产品
LIS3DH	ST	低功耗，比现有方案减少 90% 以上，可简单整合陀螺仪等，伴随芯片工作电流消耗最低为 2μA，尺寸为 3mm×3mm×1mm	咕咚智能手环、FitbitFlex
BMA250	博世	低功耗 2mm×2mm 的小型封装 ±2g~±16g 四个可编程的测量范围	ibodyRainbow，JawboneUP，SmartWatch2
ADXL362	ADI	唤醒模式下，功耗仅为 300nA100MHz 全速测量下，功耗为 2μA 内置增强型样本活动检测功能，可准确区分不同种类的运动	小米手环

（五）陀螺仪

陀螺仪（Gyro-Sensor）也称角速度传感器，用于检测各轴的角速度，也就是旋转速度。

仅用加速度计没办法测量或重构出完整的 3D 动作，无法测量转动的动作，只能检测轴向的线性动作。但陀螺仪可以对转动、偏转的动作做很好的测量，这样就可以精确地分析判断出使用者的实际动作，进而开发出相应的应用。

基于陀螺仪开发动作感应的应用主要有以下几个。

（1）动作感应的 GUI：通过小幅度的倾斜，偏转设备，实现菜单、目录的选择和操作的执行。

（2）转动，轻轻晃动设备 2~3 下，实现电话接听或打开网页浏览器等。

（3）拍照时的图像稳定，防止手的抖动对拍照质量的影响。在按下快门时，记录手的抖动动作，将手的抖动反馈给图像处理器，从而可以抓到更清晰、稳定的图片。

（4）GPS 的惯性导航：当汽车行驶到隧道或城市高大建筑物附近，没有 GPS 信号时，可以通过陀螺仪来测量汽车的偏航或直线运动位移，从而继续导航。

（5）通过动作感应控制游戏，可以给 APP 开发者更多的创新空间。开发者可以通过陀螺仪对动作检测的结果（3D 范围内设备的动作），实现对游戏的操作。

一般手机或可穿戴设备中，陀螺仪和加速度计集成，也就是六轴传感器，高端的再集成三轴磁力计，也就是九轴传感器。InvenSense 公司的传感器 MPU-6500 集成了三轴陀螺仪及三轴加速度计。已有 LGGWatch，GalaxyGear，GearFit 采用该传感器。MPU-6500 采用体硅工艺，MEMS 芯片及 ASIC 芯片集成在 3.0mm×3.0mm×0.9mm 尺寸的封装内。

（六）电子罗盘

电子罗盘（E-compass）又被称作地磁传感器，借助电子技术利用地磁场来测定北极。目前，广为使用的是三轴捷联磁阻式数字磁罗盘，这种罗盘具有抗摇动和抗震性、航向精度较高、对干扰场有电子补偿、可以集成到控制回路中进行数据链接等优点，因而广泛应用于航空、航天、机器人、航海、车辆自主导航、手机、可穿戴设备等领域。

旭化成株式会社（AKM）推出 AK8963 三轴电子罗盘芯片，已有 LGGWatch、SmartWatch2 采用。AK8963 采用高灵敏度的霍尔传感器技术。小尺寸封装的 AK8963 利川地磁传感器检测 X 轴、Y 轴和 Z 轴地磁信号，内置传感器驱动电路、信号放大器链和一个算术电路处理传感器信号，紧凑的管脚及小尺寸封装，使其适用于借助 GPS 实现步行导航的设备。

综合来看运动传感器市场，整合三轴加速度计与三轴陀螺仪的六轴 MEMS 器件如雨后春笋，正在移动设备市场快速普及。诸如意法半导体（ST）、应美盛（InvenSense）与博世（BoschSensortec）等公司，纷纷迈向多轴设计趋势，竞相推出六轴 MEMS 组合传感器，期待以高集成度、高效能、低成本、小体积等优势扩大 MEMS 市场商机。飞思卡尔半导体公司则推出了 Xtrinsic 六轴传感器，融合加速计、磁力计、运动传感和航向技术于一体进行封装，满足了先进的移动操作系统需求、更精确数据和更快响应速度的需求。

六轴（加速度计 + 陀螺仪或加速度计 + 磁力计）传感器是大势所趋，高端的九轴传感器也逐渐普及，为可穿戴设备的运动感知能力提升提供了有力的保障。高集成、低功耗、低成本、小体积、高精度、便捷软件开发套件等是运动传感器发展的主要方向。

（七）心率传感器（心率监测方案）

目前主流的心率监测方式有两种：一种是利用光反射测量；另一种是利用电极测量。前者主要为光电传感测量方式；后者为电极传感测量方式。光电传感测量方式目前主要能测量的是心率与血氧指标；电极传感测量的指标更全面一些，可以直接测量心电图。

可穿戴设备监测心率的技术原理是监测血液流动——通过 LED 照明毛细血管一段时间，用传感器监测心率，算出 BPM（每分钟心跳数）。可穿戴设备中的光学传感器对实际监测的环境要求相当高：用户不能说话、不能移动、不能出汗。另外一个问题是，当血液经过毛细血管流入手腕时，血液流动速度实际上已经减缓了，并不一定能够真实反映心率，特别是在 BPM 超过 100 的情况下。因此，运动状态下光电式心率感应器的精度优化就成为需要重点解决的课题。

目前，迈欧－阿尔法（MioAlpha）运动手表使用双光束光电器来监测用户心率，比较好地解决了在运动状态下的心率监测问题。光电器件配合运动算法，对心率和脉搏信号在运动甚至比赛中进行有效监测并输出。其方案原理如图 8-12 所示。

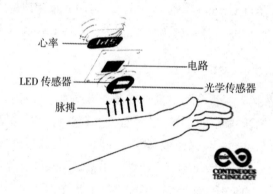

图 8-12　迈欧－阿尔法手表心率监测原理

另外，采用光电式心率监测方案，由于对环境要求较高，若要提高测量精度，可穿戴设备必然需要与用户的身体紧密贴合（运动手表、运动手环、胸带等），需要牺牲一定的舒适度；若产品设计成普通的手表样式，运动状态下的心率监测精度又是一个难题。这个两难问题有待业界在技术和产品设计方面的进一步优化和进步。

电极式心率监测方案目前有三个电极和两个电极方案，即需要三个触点和两个触点（需要三手指或双手指触控）来读取数据，这样就不能主动读取数据。这是电极式的最大问题，因为需要用户主动测量，而不能自动地不间断测量并上传数字，更不能实现远程监控。电极式心率监测方案目前在可穿戴设备领域使用较少，后续单手电极式方案成熟后，心率监测将有更加丰富的解决方案。

无论是光电式还是电极式，传感器本身都比较简单，后面的电路是关键，竞争的核心在信号调整与应用算法部分。

从全球范围来看，消费电子市场中的几大传感器厂商各有其优势领域，产品面向不同的细分市场，在技术和产品方而处于领导地位。简要对比分析如表 8-7 所示。

表8-7　主要传感器厂商对比分析

厂　商	主要领域	代表产品
意法半导体（ST）	MKMS 传感器（加速度计、陀螺仪、电子罗盘、惯性模块、压力传感器、麦克风）、温度传感器、触摸传感器	LIS3DH，LIS3DE
德州仪器（TI）	红外传感器	TMP006
飞思卡尔（Freescale）	加速度计、压力传感器、触摸传感器	MMA8653FCR1，MMA7660FCR1，MMA8452QR1，MMA7455LR1
博　世（Bosch）	加速度计、六轴传感器、九轴传感器	BMA250E，BMA250，BMA222E，BMA222，BMA223
矽　创（Sitronix）	加速度计	STK8312，STK8313
亚德诺（ADl）	加速度计、陀螺仪	
美　信（Maxim）	健康监测	
SiliconLabs	UV 传感器	Sill32/4x
应美盛（InvenSense）	运动感测追踪组件	MPU-9150

未来传感器将更加小型化、集成化（多种功能传感器集成），MEMS 技术会得到更加广泛的应用，与 MCU 配合的整体低功耗方案代替传统的简单叠加模式。更多的环境传感器和生物传感器将会集成到可穿戴设备中，根据面向的用户和使用场景差异进行细分。无创的血糖检测、PM2.5（颗粒）检测等可能是用户比较感兴趣和愿意购买的功能点，相应的传感器和解决方案也在加速成熟中，将会出现在新一波的可穿戴设备中。

三、柔性元件及屏幕

由于可穿戴设备的产品形态多与人体体型相关，且会长时间佩戴，因而对产品的舒适度要求高，贴近人体的外形设计、柔软度是可穿戴产品必备的特性。这就需要柔性元件的支持。

（一）柔性电路板

柔性电路板（Flexible Printed Circuit Board）行业内俗称 FPC，是用柔性的绝缘基材（主要是聚酰亚胺或聚酯薄膜）制成的印刷电路板，具有许多硬性印刷电路板不具备的优点。

它可以自由弯曲、卷绕、折叠，可在三维空间随意移动及伸缩，散热性能好。利用FPC，可大大缩小电子产品的体积，实现高密度、小型化、高可靠等，实现元件装置与导线一体化。柔性电路板的使用加快了可穿戴设备的商用进程。但是，目前柔性电路主要应用在连接电路、辅助电路，主板柔性化还需要时日。

为适应可穿戴设备的发展，FPC需要从以下几个方面不断创新和发展。

①厚度。FPC的厚度必须更加灵活，必须做到更薄，以适应可穿戴产品小型化、精细化的需求。

②耐折性。可以弯折是FPC与生俱来的特性，未来FPC的耐折性必须更强，必须超过1万次，这需要基材创新和升级。

③价格。现阶段，FPC的应用规模相对较小，价格较PCB高很多。未来随着FPC的规模增长，价格下降，市场前景将更加宽广。

④工艺水平。为了满足可穿戴产品的复杂设计要求，FPC的工艺必须进行升级，最小孔径、最小线宽/线距、精细度、密度需要继续改进。

（二）屏幕

智能手表以及部分手环等可穿戴产品都配备了显示屏幕（Screen），LED，LCD显示屏是目前的主流。增加显示屏的手环，在用户体验及交互方式上更加贴近用户需求，增加了用户黏性。图8-13a所示即配备显示屏的手环，如三星GearFit、微软Band，Fitbit、荣耀手环等；图8-13b所示即为未配备显示屏的手环，如Jawbone、小米手环、bong2等。

a   b

图8-13　手环配备屏幕的情况

手环显示屏以LED为主，三星GearFit搭载自家的SuperAMOLED显示屏，显示效果明显优于其他手环。由于屏幕是可穿戴产品耗电的主要部件，因此低功耗显示屏是选择屏幕器件的首要需求。

以下为几款低功耗显示屏介绍。

①夏普MemoryLCD，黑白屏，像素点被设计成可存储电荷的电容体，当液晶像素显示后，仅需要极低的待机电流，在不刷新时几乎不需要功耗。代表产品：盛大果壳智能手表（GEAKWatch）。

②电子墨水（Electronic Ink，EINK）屏幕，16阶灰度，柔性可弯曲，仅在显示屏像素

刷新时耗电，断电后具有显示保存能力，实现超低功耗。代表产品：土曼 T-Fire 智能手表。

③高通 Mirasol 显示屏，彩色，借助阳光反射让显示屏保持清晰，屏幕只在像素颜色改变时才需要消耗电力。代表产品：高通 Toq 智能手表。

Moto360 开创了圆形手表的先河。相比较传统的方形智能手表，圆形显示屏存在合格率低、成本高、设计要求高（主板适应圆形显示屏）、屏幕下方显示盲区、屏幕边缘易锯齿、App 界面适配（App 界面以方形为主）等不利因素。但由于圆形显示屏更符合传统手表的审美观念，因而在视觉效果上优势明显。

未来的智能手表产品预计会更多地采用圆形屏幕设计，以更加贴近传统手表和符合用户审美，前述关于圆形屏幕的不利因素也会逐步得到改善。例如，果壳 GEAKWatch2 已解决圆形屏幕下方的显示盲区问题。

（三）柔性屏幕

柔性屏幕通常使用超薄 OLED（Organic Light-Emitting Diode，有机发光二极管）材质，装在塑料或金属箔片等柔性材料上，而不像传统液晶需要固定在玻璃面板中。目前的柔性屏幕技术可以实现弯曲，但无法折叠。相较传统屏幕，柔性屏幕优势明显，不仅在体积上更加轻薄，功耗上也低于原有器件，有助于提升设备的续航能力，同时基于其可弯曲、柔韧性佳的特性，其耐用程度也大大高于以往屏幕，可降低设备意外损伤的概率。

柔性屏幕发展各阶段的特点和技术难点如下。

（1）阶段 1：固定式弯曲（曲面屏幕）。

特点：

①传统直板，机身本无弯曲。

② OLED 屏幕曲面为外曲或内曲。

③外曲：显示更多 3D 效果与独立按键。

④内曲：外部角度倾斜，具有更好的信息私密性，内曲屏幕更贴近用户的脸颊。

技术难点：

①屏幕成本较高，大规模量产困难。

②电子元件难以直接在塑胶基板上刻画，制程需改进。

③密封性差，容易进水。

（2）阶段 2：弯曲屏幕。

特点：

①机身与屏幕可弯曲。

② OLED 屏幕可随用户需要而内曲、外曲或弯曲。

③便携性更强。

技术难点：

①屏幕的所有玻璃元件需换成耐用塑料。

②电路设计需适合柔性材料。

③屏幕与部件需有强大的记忆性与弹性。

④电池的安全性难以保障。

（3）阶段3：可折叠屏幕。

特点：

①机身与屏幕可折叠多次并展开。

②屏幕尺寸可突破现有标准。

③便携性更强。

④移动设备适用性更强。

技术难点：

①电池、摄像头等部件需全部采用柔性材料。

②屏幕耐用件、抗划件、密封性等各项性能需达到更高要求。

现阶段柔性屏幕还处于商用初期，即"固定式弯曲"阶段，无法变形或折叠。三星和LG是柔性屏幕领域的领导者和主要供应商，三星 Galaxy Round 和 LGGFlex 是率先商用的智能手机。贴身穿戴的特点决定了可穿戴产品比智能手机更需要柔性屏幕。

从已发布的产品来看，土曼智能手表采用 EINK 屏幕，率先实现了柔性屏幕在智能手机领域的商用。但由于 EINK 屏幕只能显示 16 阶灰度，非彩色显示屏，只能定位在低端产品。

彩色柔性屏智能手机或其他可穿戴产品需要等待柔性 OLED 屏幕技术的成熟，以实现真正的可弯曲、贴身佩戴。

四、电池

低功耗是可穿戴设备的第一要素。在很大程度上，由于可穿戴产品的体积小、内置的电池容量小，不能支撑长时间的续航。传统的电池技术近年来发展缓慢，可穿戴产品使用的仍然是锂电池，受限于体积，手环的电池容量一般为 100 ~ 150mAh，智能手表的电池容量一般为 200\500 mAh。

两种已成熟的电池技术对比如表 8-8 所示，聚合物锂离子电池具有小型化、薄型化、轻量化的特点，且容易制造成各种形状和尺寸。但其通用性差，成本较高。相较液态锂子电池，原始设备制造商（OEM）更看好聚合物锂离子电池——聚合物锂离子电池的重量更轻，而且可加以设计至一系列广泛的应用中。因此，市场调研公司 IHS 预计在 2018 年时，聚合物锂离子电池将在全球可穿戴式电子产品的电池营收中占 73%。

表8-8　两种锂电池技术对比

锂电池	电解液	外　壳	阻　抗	形　状
聚合物锂离子电池	高分子聚合物电解质，不需要隔膜，不会出现漏液的风险	铝塑膜，使用中电池发热只会出现膨胀，而不会发生爆炸	阻抗高放电性能差	薄型化，任意形状和尺寸

锂电池	电解液	外 壳	阻 抗	形 状
液态锂离子电池	液态有机电解质，需要隔膜，对封接效果有严格要求，并全检电池绝缘阻抗，以避免腐蚀的产生	铝壳、钢壳，由于金属外壳密封性好，使用中电池发热就可能出现爆炸的隐患	阻抗低放电性能好	固定为方形或是圆柱形，只能做常规尺寸

在电池技术突破桎梏之前，柔性电池可能是可穿戴产品电池容量提升的一个解决方案。在 2014 年我国台北电脑展（Computex）上，一家名为辉能科技（ProLogium）的柔性电池制造商对外展示了自己纤薄的柔性锂陶瓷电池。这种带状电池可以被嵌入智能手表的表带当中，并提供最多 500 mAh 的电量。这种锂陶瓷电池是固态的，也就避免了锂电池的挥发性。另外，该电池的安全系数也很高：其所使用的材料是不可燃的，电池本身即便被切断也不会爆炸或着火。在展示当中，该电池在被部分切断的情况下依然能够供电。

虽然隐藏在表带当中的设计带来了相当大的灵活性，但美学设计可能是这种电池面对的最大挑战，性能、价格、产能等也是影响其商用进程的重要因素。

另外，除了传统的锂电池外，一些初创公司也在尝试新的电解质柔性电池。加利福尼亚州的初创公司 Imprint Energy 以研发柔性、可反复充电的电池为主，已经在测试超级薄的锌电池，如图 8-14 所示。作为一种金属，锌相比锂更加稳定，不容易产生化学反应。在电解质中，从微观层面观察，锌会呈现出像树枝一般的形态，从一个电极蔓延到另外一个电极，缩短电池电量。该公司开发出一种固态聚合物电解质，以避免这种问题。这种电解质还增强了锌电池的稳定性，以及反复充电的能力。

图 8-14　柔性锌电池

锌电池融合了薄膜锂电池以及印刷电池的优点，既能制造成薄膜的样子，又可以反复充电，而且拥有很高的储电能力。但是，这种电池何时能规模商用到可穿戴产品中还未可知。

第三节　智能穿戴设备的交互技术

可穿戴设备是新兴的智能产品领域，以低功耗为核心的连接技术、显示技术、处理器、传感器、人机交互及整体解决方案等要求较高，与传统手机及平板产品的相应技术有较大差异。可穿戴设备的常用技术如表 8-9 所示。其中，各项技术在可穿戴领域的应用进展和成熟度不同，但共同的目标是推动可穿戴产品的繁荣，以及方便、丰富人们的生活体验。

表8-9　可穿戴设备的常用技术

功　能	技　术	解决的问题
连　接	蓝牙 4.0、BLE	可穿戴产品与智能手机数据连接
	Wi-Fi	可穿戴产品与 Wi-Fi 热点及智能手机的连接
	GPS	定位和位置服务（Location Based Services，LBS）
	NFC	近场通信、移动支付
处理 / 运算	低功耗 MCU 或 CPU	数据处理及计算
电　源	效　率	提升 DC 转换效率降低电池消耗
	电池续航	增加用户使用和待机时间
传感器	运动、生物和环境监测	感知、追踪、记录运动、生物和环境的变化
人机交互	触控交互	触控显示屏 UI
	语音交互	基于智能语音的交互，准确度待提高
	姿势交互	基于传感器的姿势（手势）交互
舒适度	新型材料	适合人体皮肤接触的材料，增加舒适度
	创意设计	适合人体佩戴的工学设计，各类创新产品设计

一、无线连接技术

可穿戴产品的便携性、小型化、贴身化决定了其发展初期只能作为手机等主控设备的附属，与主控设备的连接成为其必备功能。无线连接技术即解决这一基本需求，提供必需的连接和数据通信能力。

对于不同类型的可穿戴产品，使用场景不同，所选用的无线连接技术不尽相同，如表 8-10 所示。

表8-10　不同可穿戴产品常用的无线连接技术

可穿戴产品	常用的无线连接技术
手　环	蓝牙4.0，BLE
智能手表	蓝牙4.0，Wi-Fi，GPS，NFC 等
智能眼镜	蓝牙4.0，Wi-Fi，GPS 等
其他	蓝牙4.0

（一）蓝牙4.0BLE（Bluetooth Low Energy）

蓝牙4.0BLE 的前身是诺基亚（NOKIA）开发的 Wibree 技术。作为一项专为移动设备开发的极低功耗的移动无线通信技术，它在被 SIG 接纳并规范化之后重新命名为"Bluetooth Low Energy"（BLE，低功耗蓝牙）。它易于与其他蓝牙技术整合，既可补足蓝牙技术在无线个人区域网络（PAN）中的应用，也能加强该技术为小型设备提供无线连接的能力。蓝牙4.0 如图 8-15 所示。

图 8-15　蓝牙4.0

低功耗蓝牙提供了持久的无线连接，并且有效扩大了相关应用产品的射程。在各种传感器和终端设备上采集到的信息被通过低功耗蓝牙采集到计算机、手机等具备计算和处理能力的主机设备中，再通过传统无线网络应用与相应的 Web 服务关联。

低功耗蓝牙与经典蓝牙技术相比，降低功耗主要是通过减少待机功耗、实现高速连接和降低峰值功率三条途径。

（1）减少待机功耗。

①降低广播频道。传统蓝牙技术采用16 ~ 32 个频道进行广播，导致待机功耗大。而低功耗蓝牙仅使用 3 个广播通道，且每次广播时射频开启时间也由传统的 4 ~ 5 ms 减少到0.6 ~ 1.2 ms。这两个协议规范上的改变显然大大降低了因为广播数据导致的待机功耗。

②深度睡眠状态。低功耗蓝牙用深度睡眠状态来替换传统蓝牙的空闲状态。在深度睡眠状态下，主机长时间处于超低的负载循环（Duty Cycle）状态，只在需要运作时由控制器来启动；在深度睡眠状态下，数据发送间隔时间也增加到0.5 ~ 4 s，传感器类应用程序发送的数据量较平常要少很多，而且所有连接均采用先进的嗅探性次额定（Sniff Suhrating，由蓝牙设备约定数据交互的间隔时间）功能模式，而非传统的每秒数次的数据交互，可大幅减少功耗。

（2）实现高速连接。

①蓝牙设备和主机设备的连接步骤：第一步，通过扫描，试图发现新设备；第二步，确认发现的设备没有连接软件，也没有处于锁定状况；第三步，发送 IP 地址；第四步，收

到并解读待配对设备发送过来的数据；第五步，建立并保存连接。传统蓝牙的连接耗时较长，相应功耗较高。

②改善连接机制，大幅缩短连接时间。传统蓝牙协议规定，若某一蓝牙设备正在进行广播，则它不会响应当前正在进行的设备扫描；而低功耗蓝牙协议规范允许正在进行广播的设备连接到正在扫描的设备上，有效避免了重复扫描。低功耗蓝牙下的设备连接建立过程已可控制在 3 ms 内完成，同时可以通过应用程序迅速启动连接器，并以数毫秒的传输速度完成经认可的数据传递后立即关闭连接；而传统蓝牙协议下，即使只是建立链路层连接都需要花费 100 ms，建立 L2CAP（逻辑链路控制和适配协议）层的连接时间则更长。

③优化拓扑结构。使用 32 位存取地址，能够让数十亿个设备被同时连接。此技术不但将传统蓝牙一对一的连接优化，同时借助星状拓扑来完成一对多连接。在连接和断线切换迅速的应用场景下，数据能够在网状拓扑之间移动，有效降低了连接的复杂性，减少了连接建立时间。

（3）降低峰值功率。

①严格定义数据包长度。低功耗蓝牙对数据包长度进行了更加严格的定义，支持超短（8 ~ 27 Byte）数据封包，并使用随机射频参数，增加高斯频移键控（Gauss Frequency Shift Keying，GFSK）调制索引，最大限度地降低了数据收发的复杂性。

②增加调变指数。采用 24 位的循环冗余检查（CRC），以确保封包在受干扰时具有更强的稳定性。

③增加覆盖范围。低功耗蓝牙的射程增加至 100 m 以上。

（二）Wi-Fi（802.11a/b/g/n/ac）

Wi-Fi（Wireless-Fidelity）是一种可以将个人计算机、手持设备（如平板电脑、手机、可穿戴设备）等终端以无线方式互相连接的技术，是当今使用最广泛的一种无线网络传输技术，如图 8-16 所示。

802.11n 基于多输入多输出（Multiple-Input Multiple-Output，MIMO）空中接口技术，使用多个接收机和发射机，可以在同一频道同时传输两组或两组以上的数据流。与前代技术相比，802.11n 的覆盖范围扩大 2 倍，性能增加 5 倍，改变了 Wi-Fi 配置和使用的方式，支持更大的海量数据应用，包括视频。从性能指标上看，802.11n 是目前主流的 Wi-F1 技术。

图 8-16 Wi-Fi

在现有技术标准的基础上，业界针对可穿戴及物联网（IoT）的低功耗需求，纷纷推出低功耗 Wi-Fi 解决方案，通过集成可编程 MCU 及适应时穿戴产品的工作模式（睡眠和唤醒模式、降低待机和传输功耗）改进来降低功耗。TI 已开发出商用的低功耗 Wi-Fi 方案 CC3100 和 CC32000。

（三）GPS（GNSS）

传统的 GPS 借助卫星信号，提供可穿戴设备的位置信息（进而提供设备佩戴者的位置信息）。最早由美国的全球定位系统（GPS）卫星提供民用的卫星定位信号，现在全球卫星定位系统（GNSS）已包括美国的 GPS、俄罗斯的格洛纳斯（GLONASS）、中国的北斗卫星导航系统等多个卫星定位导航系统。可穿戴产品的导航应用、安全（防丢）应用等多种与位置相关的应用场景需要 GPS 技术的支持，GPS 如图 8-17 所示。

图 8-17　GPS

为适应可穿戴低功耗的要求，低功耗 GPS 方案也应运而生，目前主要通过 GNSS+MCU 方案来实现。博通 BCM4771，4773 即针对可穿戴市场开发的低功耗 GPS 方案，其具有以下优点。

（1）提升速度，提高精度。

①博通在全球范围内架设基站，可以提供未来七天的星历资料，在定位过程中提升速度，提高精准度；提供离线 LTO（Long Term Orbits，长效星历）的功能，可以减少寻找卫星及位置计算的时间，仅用三四秒就能定位，而不具备 LTO 功能的芯片则需要 1min 或更长时间。

②另外，博通与 MEMS 传感器厂商合作，整合 GPS 芯片的驱动和 MEMS 传感器的驱动，可以借助传感器的功能做到更准确的定位。当用户在快跑、慢跑、碰到树荫时，会造成信号接收不好、位置偏移、没有位置信息等问题，可以借助传感器以及 GPS 的计算来找出用户的当前位置，使得定位更加准确，避免上述问题。

（2）降低功耗。

①Batching，即在特定的应用情境里，可穿戴设备的 GPS 模块不需要每秒都向 AP/MCU 报告自己的位置，而是通过累积一定数量的位置信息后一并汇报，可以储存高达 1000 个位置信息，以 10～20 mm 的时间频率向 AP/MCU 汇报一次，从而达到省电的效果。

②Geofence，即电子围墙，设定一定的区域范围，从对象走出该范围起，开始进行每秒定位，而在该范围之内，就以 10 min 或者更久的时间频率报告一次位置。这也能节省不必要的功耗。

（四）NFC

近场通信（Near Field Communication，NFC）如图 8-18 所示，由非接触式射频识别（RFID）演变而来，是一种短距高频的无线电技术，在 13.56 MHz 频率运行于 20 cm 距离内。其传输速度有 106 Kbit/s、212Kbit/s 或者 424Kbit/s 三种。NFC 的工作模式分为卡模式和点对点模式两种。

图 8-18　NFC

（1）卡模式（Card Emulation Mode）：这个模式其实就相当于一张采用 RFID 技术的 IC 卡。它可以替代大量的 IC 卡（包括信用卡）使用的场合，如商场刷卡、公交卡、门禁管制、车票、门票等。在此方式下，卡片通过非接触读卡器的 RF 域来供电，即使寄主设备（如手机、手表等）没电也可以工作。

（2）点对点模式（P2PMode）：这个模式与红外线差不多，可用于数据交换，只是传输距离较短，传输创建速度较快，传输速度也快，功耗低（蓝牙也类似）。将两个具备 NFC 功能的设备连接，能实现数据点对点传输，如下载音乐、交换图片或者同步设备地址簿等。

NFC 技术可以应用于"被动式"可穿戴产品，如戒指、名片等。这些产品因为自身没有电源，所以芯片可以做到非常小，且稳定性和可靠性都很高，只是不能够主动去采集信息，而只能实现在手机等读取设备靠近时，提供自身已经存储的 ID 信息，以及完成和手机之间进行的少量数据交换过程。多个 NFC 设备靠近时，可以互相传递信息和数据。

移动支付被认为是 NFC 最为人熟知的一个应用。单就使用情景来看，智能手表与 NFC 的结合更为合理，相比于手机，以手表作为载体完成非接触式信息传输更为直接和便捷。至少简化了将手机从口袋中拿出来的步骤，这与未来科技解放双手的趋势是一致的。

除传统的主力厂商恩智浦半导体（NXPSemiconductors）公司外，博通（Broadcom）、英飞凌科技公司等也积极介入 NFC 领域，推出高度集成的低功耗 NFC 解决方案，推动 NFC 在手机及可穿戴产品中的普及。

（五）ZigBee

ZigBee 是基于 IEEE802.15.4 标准的低功耗局域网协议，是一种短距离、低功耗的无线通信技术，如图 8-19 所示。其特点是近距离、低复杂度、低功耗、低数据速率、低成本等。它主要适用于自动控制和远程控制领域，可以嵌入各种设备。

（1）低功耗。在低耗电待机模式下，2 节 5 号干电池可支持 1 个节点工作 6 ~ 24 个月，甚至更长，这是 ZigBee 的突出优势。相比较，蓝牙能工作数周，Wi-Fi 可工作数小时。

图 8-19　ZigBee

（2）低成本。ZigBee 通过大幅简化协议（不到蓝牙协议的 1/10），降低了对通信控制器的要求；而且 ZigBee 免协议专利费，可以降低芯片价格。

（3）低速率。ZigBee 工作在 20 ~ 250 kbps 的速率，分别提供 250 kbps（2.4 GHz）、40 kbps（915 MHz）和 20 kbps（868 MHz）的原始数据吞吐率，可满足低速率传输数据的应用需求。

（4）近距离。传输范围一般介于 10 ~ 100 m，在增加发射功率后，也可增加到 1 ~ 3 km。这是指相邻节点之间的距离。如果通过路由和节点之间通信的接力，传输距离将可以更远。

（5）短时延。ZigBee 的响应速度较快，一般从睡眠转入工作状态只需 15 ms，节点连接进入网络只需 30 ms，进一步节省了电能；相比较，蓝牙需要 3 ~ 10 s，Wi-Fi 需要 3 s。

（6）高容量。ZigBee 可采用星状、片状和网状网络结构，由一个主节点管理若干子节点，一个主节点最多可管理 254 个子节点；同时，主节点还可由上一层网络节点管理，最多可组成 65 000 个节点的大网。

（7）高安全。ZigBee 提供了三级安全模式，包括无安全设定、使用访问控制清单（Access Control List，ACL）防止非法获取数据以及采用高级加密标准（AES128）的对称密码，以灵活确定其安全属性。

（8）免执照频段。使用工业科学医疗（ISM）频段，915 MHz（美国）、868 MHz（欧洲）、2.4 GHz（全球）。

受限于其低速率（250 kbPs），而且这只是链路上的速率，除掉信道竞争应答和重传等消耗，真正能被应用所利用的速率可能不足 100 kb/s，不适合视频等应用，也不适合大数据量传输，因此 Zigbee 在手机上应用较少，适合可穿戴设备、智能家居、物联网（IoT）、工业控制等低速数据传输应用场景。

（六）红外线

红外数据传输（Infrared Data，IrDa）是指利用红外线方式实现设备之间的数据传输。相比较蓝牙、Wi-Fi、NFC 等热门技术，红外连接近年来在手机上使用较少。在可穿戴设备中，搭载红外线（IR）传感器，用来测量血氧饱和度。

（七）ANT+

ANT 是加拿大 Dynastream Innovations 公司的自主低功耗近距离无线通信技术，已被广泛应用于运动设备、医疗领域。TI，Nordic 是主要的 ANT 芯片方案供应商。

ANT+ 是在 ANT 传输协议上的超低功耗版本，是为健康、训练和运动专门开发的，如图 8-20 所示。由于应用领域相对专业，它在消费电子及可穿戴产品中缺少相应的支撑，即支持 ANT+ 的智能手机太少，限制了可穿戴产品采用此项技术。从技术角度来看，ANT+ 与 BLE 各有千秋。

图 8-20　ANT+

相似点：ANT+ 与 BLE 均采用 2.4GHz 频段，均采用 GFSK 调变，传输率均约 1 Mbps，传输距离均约 50 m，均支援对等点对点（Peer-to-Peer）以及放射星状（Star）的连接形态（Topology）。

ANT+ 仍有其优势。

（1）低功耗。ANT+ 在初始扫描网络状态较有效率，每次连线的传输较少，实际资料传量较大，具体而言比 BLE 节省 25% ~ 50% 用电。

（2）网络连接形态。ANT+ 除对等点对点（P2P）、放射星状（Star）外，还支援树状（Tree）与随意网状（Mesh）连接形态。

（3）多点连接。BLE 的整个网络内只能有一个 Master 节点。其余节点均为 Slave；而 ANT+ 允许一个网络内有多个 Master 节点，其做法是以无线通信的通道为区别，允许一个通道内有一个 Master 节点，但一个节点可以同时使用多个通道，如在 A 通道上节点扮演 Master 角色，但在 B 通道上则扮演 Slave 角色。相对地，BLE 以节点为认定，该节点为 Master，就不允许同一个网络还有其他 Master。若同一网络内有两个 Master 节点则会有时序冲突；且 Master 就是 Master，角色不能变换。

（4）传输带宽。ANT+ 的传输通道仅需要 1 MHz 频宽；BLE 则需要 2 MHz。

（5）软件优势。以 Android 而言，ANT+ 允许同时多个应用程式存取同一个 ANT+ 侦测，如一个心跳侦测资讯可同时提供给多个 Android 应用程式取用。且 ANT+ 的 API 独立维护更新（以 Plug-in 外挂程式方式运作），任何版本的 Android 均可支援 ANT+，但 BTSmart 必须是 Android4.3 版后才能支援。

BLE 的安全性更佳、生态优势明显。

（1）在传输加密方面，ANT+ 仅有 64 位元金钥加密，BLE 则是 128 位元 AES 演算加密。若有敏感信息需要传递，BLE 较为安全。

（2）生态优势。智能手机几乎标配蓝牙，很少有机型支持 ANT+（仅三星、索尼等少数几款支持，智能手机缺少 ANT+ 兼容性）；而多数可穿戴产品依赖于智能手机实现各种应用，因此，BLE 的生态优势明显。这也是现今可穿戴产品首选 BLE 作为低功耗无线连接技术的重要原因。

（八）几种无线连接技术的对比

从技术本身和应用场景来看，蓝牙 BLE，Wi-Fi，GPS，NFC，红外，ZigBee，ANT+ 各有优势以及自身的应用场景。Wi-Fi 和 GPS 的应用相对独立；NFC 的安全机制在移动支付领域有绝对优势；其他无线连接技术都涉及组网和近距离传输，具有一定的互相替代性。具体选用何种无线连接技术，依赖于对可穿戴产品的定位、应用场景、成本、技术方案等的综合考量。其中几种无线连接技术的对比如表8-11所示。

表8-11　几种无线连接技术的对比

项　目　无线连接技术	蓝　牙	NFC	红　外
网络类型	单点对多点	点对点	点对点
使用距离	< 10 m，蓝牙 4.0 后可达 100 m	≤ 0.1 m	≤ 1m
速　率	2.1 Mbps	424 kbps，规划是可达 868 kbp	1 Mbps
建立时间	传统蓝牙数秒，BLE 大幅缩短至毫秒级别	< 0.1 s	< 0.5 s
安全性	具备，软件实现	具备，硬件实现	不具备
通信模式	主动—主动	主动—主动／被动	主动—主动

项　目 无线连接技术	蓝　牙	NFC	红　外
成　本	中	低	低
生　态	成　熟	成　熟	衰落，限制在特定应用领域

二、交互模式的变革

智能手机／平板电脑的传统交互方式，如点按、触摸等，在小屏幕甚至无屏幕的可穿戴设备上并不适用或者体验较差。解放双手，语音、姿势（手势）、眼球等交互方式更加适合可穿戴产品，也是电子产品未来交互方式的变革方向。

（一）语音交互

语音交互是一种基于语音识别技术的智能交互方式。语音识别技术就是让机器通过识别和理解过程，把语音信号转变为相应的文本或命令的技术。语音识别技术主要包括特征提取技术、模式匹配准则和模型训练技术三个方面。

语音识别主要有以下五个问题：

（1）对自然语言的识别和理解。首先，必须将连续的讲话分解为词、音素等单位；其次，要建立一个理解语义的规则。

（2）语音信息量大。语音模式不仅对不同的说话人不同，对同一说话人也是不同的。例如，一个说话人在随意说话和认真说话时的语音信息是不同的。

（3）语音的模糊性。说话人在讲话时，不同的词可能发音听起来是相似的。这在英语和汉语中都很常见。

（4）单个字母或词、字的语音特性受上下文的影响，以致改变了重音、音调、音量和发音速度等。

（5）环境噪声和干扰对语音识别有严重影响，致使识别率低。

近几年来，借助机器学习领域深度学习研究的发展，大数据语料的积累，以及云计算、高速移动网络的普及，语音识别技术得到突飞猛进的发展。

（1）将机器学习领域深度学习研究引入到语音识别声学模型训练，使用带 RBM（Restricted Boltzmann Machine，受限玻尔兹曼机）预训练的多层神经网络，极大地提高了声学模型的准确率。在此方而，微软公司的研究人员率先取得了突破性进展。他们使用深层神经网络模型（DNN）后，语音识别错误率降低了 30%，是近 20 年来语音识别技术方面最快的进步。

（2）目前大多主流的语音识别解码器已经采用基于有限状态机（WFST）的解码网络。该解码网络可以把语音模型、词典和声学共享音字集统一集成为一个大的解码网络，大大提高了解码的速度，为语音识别的实时应用提供了基础。

（3）由于互联网的快速发展以及手机等移动终端的普及应用，目前可以从多个渠道获取大量文本或语音方面的语料。这为语音识别中的语言模型和声学模型的训练提供了丰富的资源，使得构建通用大规模语言模型和声学模型成为可能。在语音识别中，训练数据的匹配和丰富性是推动系统性能提升的最重要的因素之一。但是，语料的标注和分析需要长期的积累和沉淀。随着大数据时代的来临，大规模语料资源的积累将提到战略高度。

（4）云计算及3G，4G无线网络的普及，将云端语音识别成为可能，依赖云端数据库及处理能力，可大幅提高语音识别能力，实时语音翻译成为可能。

近期，语音识别互联网公司纷纷投入人力、物力和财力展开此方向的研究和应用，目的是利用语音交互的新颖性和便利模式迅速占领客户群。由于视频通话、音频通话兴起，社交软件公司，如腾讯做语音识别领域将拥有一个天然优势，即方便采集和拥有海量的各种用户语音特征信息（语料资源）。

目前，国外的苹果Siri、微软Cortana，国内的科大讯飞、云知声、百度语音等语音识别应用已大规模应用到智能手机中，如图8-21所示。AppleWatch、三星Gear手表也已支持语音交互。未来，基于语音识别的语音交互将更加广泛地应用于可穿戴领域。

图 8-21 语音交互软件

（二）姿势（手势）交互

姿势交互是利用计算机图形学等技术识别人的肢体语言，并转化为命令来操作设备。因为手势在日常生活中使用最为频繁，且便于识别，所以所有基于肢体语言的研究主要以手势识别为主，而对身体姿势和头部姿势语言的研究较少。

手势交互系统中主要有几个部分：人、手势输入设备、手势分析和被操作的设备或界面。

（1）人。手势交互系统面向大众，而不只是老年人和残疾人，普通用户也可以使用这些产品。

（2）手势输入设备。比起鼠标和键盘操作，手势交互是更加方便的交互方式。早期需要穿戴手套，对于普通用户来说比较累赘；之后摄像头作为输入设备，用户并不需要与实体设备接触，而且可以分析手势的3D运动轨迹。

（3）手势分析。随着计算机图形学等科学的发展，识别率得到提升，可以实时捕捉手臂和手指的运动轨迹。技术推动了人机交互的发展。

（4）被操作的设备或界面。可以识别的手势更多，可以输入的命令更多，不再限定于特定平台执行某项特定的任务。

将手势交互技术与可穿戴产品相结合，可赋予可穿戴产品新的功能和应用场景。MYO腕带（手势控制臂环）就是这样的一款手势识别专用产品。它通过感应器捕捉用户的手臂肌肉运动时产生的生物电变化，从而判断佩戴者的意图，再将处理的结果通过蓝牙发送至受控设备。

手势交互率先在游戏领域得到应用，未来将逐步进入人工智能、培训教育和仿真技术领域。但其要想像传统交互形式一样进入大众化消费领域，还需要技术的改进、人们交互习惯的改变等。

（三）图像识别交互

图像识别是指利用计算机对图像进行处理、分析和理解，以识别各种不同模式的目标和对象的技术，如图 8-22 所示。传统的图像识别，如光学字符识别（Optical Character Recognition，OCR），已有广泛应用。可穿戴产品，尤其是配备摄像头的智能眼镜或头戴式的虚拟现实设备，对基于图像识别的交互，如图片搜索，可用摄像头拍下照片，云端就会通过图像识别、人脸识别帮你快速找到你所要了解的信息并呈现在你面前。甚至，通过人脸识别技术，未来你的脸就是一个"凭证"，配上硬件的支持，就可以实现各种需要验证的功能。例如，在购物时直接"刷脸"支付，代替信用卡；在下班回家时取代实体钥匙，成为开门的凭据等。

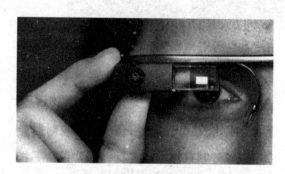

图 8-22　图像识别交互

图像识别技术尚未成熟，基于图像识别的交互也仅仅处在概念阶段：借助深度学习技术、大数据及云计算，未来将会有更多的交互应用基于图像识别。

（四）眼球交互

眼球交互技术，主要是依靠计算机视觉、红外检测或者无线传感等实现用眼睛控制计算机、手机等电子设备，以及用眼睛来画画、拍摄、移物等，如图 8-23 示所。

图 8-23　眼球交互

从计算机视觉的角度看，眼球技术主要包括眼球识别与眼球跟踪。眼球识别是通过研究人眼虹膜和瞳孔的生物特征的采集与分析，常应用于重要场合的身份识别，如重要场所安检、机要部门门禁等。眼球跟踪主要是研究眼球运动信息的获取、建模和模拟，应用范围更为广泛，逐渐出现体验与娱乐方面的应用。三星 GalaxyS4，S5 基于眼球识别的智能暂停和智能滚动、谷歌眼镜的眨眼拍摄等，都是已有的商业案例。

当然，眼球技术也面临一系列的难题，影响其规模商用和用户体验。

（1）眼球信息获取方式具有一定局限性。虹膜识别设备的造价高、体积大、对采集现场要求比较高，如拍摄角度、响应时间、噪声干扰（可降低可靠性）等。用眼球控制平板电脑光标，需要保持平板电脑处于一定的摆放角度，否则容易造成光标失控，影响体验。

（2）眼球运动属于精细运动，获取难度大。眼球转动无论是力度还是幅度都不如手部及其他肢体动作那么明显，对眼球运动信息的获取和解释造成困难。

（3）眼球操作时间不宜过长。医生建议人们看计算机和手机的时间不宜过长，而眼球操作在原有用眼的基础上势必增加用眼疲劳，影响眼睛健康。

（4）眼球运动数学建模和动作模拟难度大。数学模型对眼球运动模拟的准确性与合理性存在较高难度，如何使得眼球操作如手操作一样方便需要业界的持续研究和改善。

（5）眼球技术应用范围窄，用户体验待提升。眼球识别和追踪由于难度高、技术未成熟，目前的应用领域相对较窄，特别是消费电子及可穿戴领域的成功案例还很少，且用户体验一般。

纵观这几类新的交互方式：语音交互具备在可穿戴产品领域规模推广的条件，也符合可穿戴设备需解放双手的使用场景；姿势（手势）识别，类似智能手机，也可以借助传感器在可穿戴产品中得以广泛应用，另外，专门用于捕捉人体姿势的可穿戴产品也将有较为广阔的市场前景。图像识别、眼球识别等由于技术、成本、体验等限制，实现规模化商用还需等待。

三、整体解决方案

据专业咨询机构预测，未来 2 ~ 3 年，智能可穿戴设备的全球市场规模将超过 500 亿美元，市场将迎来井喷行情。技术成熟、方案丰富是可穿戴产品规模发展的基本条件，主流芯片商纷纷推出具有针对性的 SoC 产品和平台方案，推动可穿戴产品迈向主流市场。由于可穿戴产品类型多样，市场也处于碎片式的发展初期，芯片解决方案呈现百花齐放的局面。

博通、英特尔、飞思卡尔、MTK、君正、高通等知名 IC 大厂结合自身技术特长，推出了针对不同市场、功能各异的可穿戴开发平台。

（一）博通：WICED 开发平台，基于无线连接技术

博通充分发挥在无线连接技术领域的优势，针对可穿戴设备，推出嵌入式设备无线互联网连接（Wireless Internet Conectivity for Embedded Devices，WICED）的开发平台，包括 WICEDWi-Fi、WICEDSmart、WICEDSense，分别针对 Wi-Fi、蓝牙（BLE）完整解决方案及开发者工具。WICED 可为设备嵌入低功耗、高性能、可互操作的无线联网功能。一些新兴企业正在基于博通的 WICED 技术，设计新的可穿戴设备，包括血压计、血糖仪、智能手表以及更多的健康管理设备。

（1）WlCEDWi-Fi。WICED 可以简化将互联网连接应用到大量消费电子设备的过程。通过将 Wi-FiDirect 集成到 WICED 平台，可以帮助 OEM 快速开发可穿戴产品，这些产品能够通过智能移动设备实现与云端的无缝通信。两个设备之间可以直接通过 Wi-Fi 安全地互联、交互数据，而无须通过其他接入点或计算机。

WICEDWi-Fi 可以与现有的 MCU 方案集成，也可独立添加配备 MCU 的 WICED 模组，来解决可穿戴产品的无线网络连接问题。

（2）WICEDSmart。为满足低功耗的无线连接需求，WICEDSmart 提供基于蓝牙 BLE 的低功耗安全无线连接应用。

（3）WICEDSense。WICEDSense 为工程师、DIYer（自己动手制作的人）、企业提供低成本进入物联网、智能设备的易用、易理解的开发平台。WICEDSense 包含一个 BLE 的学习板（开发者学习/开发用途）、BCM20737SBLE 芯片、SIP 模组、5 个 MEMS 传感器以及 WICEDSMART 软件包，如图 8-24 所示。

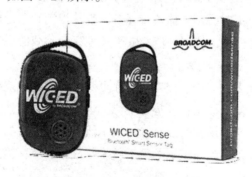

图 8-24　WICEDSense

（二）英特尔：Edison 平台，x86 架构

为与 ARM 阵营竞争，英特尔推出基于 Atom 及夸克（Quark）的 Edison 平台，配备双核的 AtomSoC 芯片及 Quark 微处理器，是一款专门针对小型可穿戴设备、智能物联设备等的计算平台，如图 8-25 所示。Edison 采用 86 架构可兼容处理器内核，支持 Linux 并能让

多个操作系统运行复杂的高级应用程序，也就是双系统；支持 Wi-Fi 和蓝牙连接，支持设备与设备、设备与云端连接，并拥有 LPDDR2 和 NAND 闪存以及扩展的 I/O；官方公布最大功率为 1W，最小功率低于 250 mW；在体积大小上仅相当于一张 SD 卡大小。

图 8-25　Edison

　　基于英特尔的参考设计打造的产品包括智能耳机、智能耳塞、智能水杯、无线充电碗、智能婴儿监控衣、智能 3D 打印、智能头盔等。

　　为获得更多 OEM 及开发者支持，英特尔围绕 Edison 搭建完整的生态圈，以对抗 ARM 阵营以及在即将到来的可穿戴及物联网浪潮中赢得市场机会。重量级 OEM 厂商的支持及有影响力的明星产品是 Edison 立足市场所急需的。

　　（三）飞思卡尔：WaRP 平台，可穿戴设备开源参考平台

　　2014 年国际消费类电子产品展览会（International Consumer Electronics Show，CES）上，飞思卡尔与 Kynetics，RevolutionRobotics，Circuitco 等超过 15 家厂商，共同推出了开源、可扩展的参考平台——WaRP（Wearable Reference Platform）。WaRP 的设计采用可扩展的模块化混合架构，能够满足多个垂直市场的需求。全新的架构和设计可应对可穿戴市场面临的重要挑战，如电池寿命、连接性、使用便利性（用户体验）及小型化（小尺寸）等。同时，WaRP 的开源属性有利于推动开发社区进行创新。

　　WaRP 拥有多款型号或产品类别。其高度灵活的系统级设计套件，支持嵌入式无线充电，将处理器和传感器整合到混合架构中，使其拥有可扩展性和灵活性的特点。

　　WaRP 的混合架构包含一个主板和一个示例子卡。主板上采用 i.MX6SoloLiteARMCortex-A9 处理器作为平台内核；示例子卡上的备用微处理器 KinetisKL16MCU 用作传感器集线器（Sensor Hub），能够针对不同的使用模式添加更多子卡，还搭载了一个无线充电 MCU。

　　传感器技术是可穿戴设备的重要组成部分。WaRP 平台包含飞思卡尔 XtrinsicNMA9553 计步器和 FXOS8700 六轴传感器（三轴磁力计＋三轴加速度计），可以运行 Android4.3 操作系统。混合架构使得处理器之间能够相互通信，支持图形显示。在深度睡眠模式下，KindisKL16 仍然能够收集传感器的数据，这可以降低整体平台的功耗，延长待机时间。

　　目前 WaRP 可支持的应用包含运动追踪、运动 / 心率监测仪、智能手表、心电监护、智能眼镜、智能服装、可穿戴式成像设备、增强现实耳机、可穿戴式计算、可穿戴式医疗

产品等。拥有开源特性的 WaRP 平台提供从硬件到软件的快速产品设计，能够降低穿戴式装置开发门槛，加快产品的上市时间。除提供如微处理器（MPU）、微控制器（MCU）、微机电系统（MEMS）传感器等关键元件给开发厂商之外，WaRP 平台降低开发门槛，让众多中、小型新创公司顺利进行穿戴式装置的开发工作，加速了可穿戴式市场的整体发展。

WaRP 平台目前支持 Android，Linux 等开放式的操作系统。而 Android Wear 目前仍属于封闭式的生态环境，无论是软件开发套件（SDK）还是应用程序，尚未全面开放授权，仅锁定智能手表应用，因此，WaRP 目前暂无法支持。

（四）德州仪器：MetaWatch，可穿戴蓝牙智能手表开发平台

德州仪器（TI）在可穿戴设备的多个领域拥有先进技术和产品，谷歌眼镜、Moto360 手表均采用 TI 芯片方案。健康和健身领域的解决方案（基于血样浓度的脉搏监测、光电式心率监测、身体成分检测、计步器等）低功耗线性充电器和电源模块、Meta Watch 智能手表方案等，都是其为可穿戴产品特别开发的。

Texas Instruments Meta Watch™Bluetooth® 可穿戴手表开发系统具有数字或模拟显示屏，能够快速开发"连接手表"应用，可使开发人员快速而轻松地将设备和应用程序接口扩展到手腕。MetaWatch 平台采用嵌入式蓝牙技术，可连接到智能手机、平板电脑和其他电子设备。

MetaWatch 平台基于 MSP430F5438AMSP430™ 低功耗 MCU 及 CC2560 蓝牙解决方案，其参考设计包括：两个 16×80 白色 OLED 模拟 / 数字显示屏（MSP-WDS430BT1000AD）、一个 96×96 反射 / 始终开启数字显示屏（MSP-WDS430BT2000D）、低功耗蓝牙、3ATM 防水设计、加速计、环境光传感器、可充电电池。该参考设计甚至包括可搭配的不锈钢外壳和皮质表带等。

（五）CSR1012：专门可穿戴市场开发平台

CSR1012 采用更小型封装，使其成为可穿戴设备的完美选择，如可穿戴手表、运动监测器等，如图 8-26 所示。

图 8-26 CSR1012 蓝牙方案

尽管全新平台采用适于可穿戴设备的小型封装，但仍然严格使用标准的印制电路板（PrintedCircuitBoard，PCB）技术，从而使开发人员能够以低成本的方式更加快速地将更多产品推向市场。这也是首个无须外装调节器即可与锂离子电池实现直接连接的解决方案，从而能保障更长的电池使用寿命，这一点对于可穿戴配件产品至关重要。

该解决方案不仅适用于可穿戴技术，还可用于其他小型手机应用配件及 HID 配件，如智能手机、平板手写笔、小型广告信号灯等。

（1）适用于大批量生产。CSR1012 采用点距为 0.4 mm 的方形扁平无引脚封装（Quad Flat No-Iead Package，QFN），是大批量生产及紧凑型设计的完美解决方案，可在大批量生产过程中轻松操作。该装置下方的空间使 I/O 能够使用标准钻孔式导通孔进行布线，加上其 4mm×4mm 的封装面积，使开发人员能够获得一个极小的 PCB，从而开发出吸引消费者的紧凑型穿戴设备。CSR1012 现已批量上市。

（2）提供参考设计，加快上市速度。CSR 为开发人员提供 CSR1012 参考设计解决方案及完整的生产制造信息。开发者可通过 CSR 客户支持页面下载所需资料。

（3）兼容 CSR μ Energy 系列产品，可轻松实现过渡。CSR1012 基于 CSR μ Energy 芯片，且可与 CSR 现有软件实现完全兼容，从而允许使用 CSR1010 及 CSR1011 解决方案的开发人员轻松地改用 CSR1012 开发可穿戴配件。

（4）具有高效能及最佳电池寿命。CSR1012 旨在为可穿戴配件提供最长可能的电池寿命。它是首个无需外装调节器即时与锂离子电池实现直接连接的解决方案，不仅节约了成本及 PCB 面积，更关键的是节约了外装调节器中宝贵的静态泄漏电流。由于外接开关的静态泄漏电流为 10～15μA，线性开关为 1～2μA，对于那些仅能在纳安到低微安量程范围内运行的设备，其电池寿命将极大地缩短。CSR1012 平台通过使用运行电压在 1.8～4.3V 的片上开关电源，使设备能够从压缩锂聚合物电池中直接获取电源。

（六）联发科（MTK）：LinkIt 平台

联发科在 2014 年的台北国际电脑展会（Computex2014）上发布了其可穿戴产品开发平台 LinkIt，为可穿戴开发者提供了完整的参考设计，如图 8-27 所示。

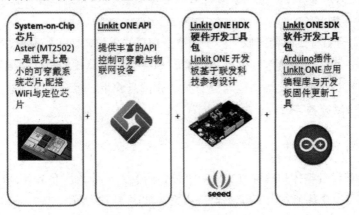

图 8-27　LinkIt 平台

LinkIt 整合联发科 AsterSoC 的开发平台，提供完整的参考设计，高度整合微处理器及通信模块，且提供各种联网功能以简化开发流程，让开发者可以更专注于产品外观、创新功能及相关服务。

联发科技的 Aster 是专为可穿戴式与物联网设备设计的 SoC，AsterMT2502 的封装尺寸仅为 5.4mm×6.2mm。

（1）软件架构模块化，为开发者提供高度弹性；兼容 Amimid 和 iOS 操作系统。

（2）支持空中传输（OTA）以更新应用程序、算法及驱动程序，可通过手机或计算机，向采用联发科 Aster 的设备进行推送安装及更新。

（3）为 Arduino 与 VisualStudio 提供插入式软件开发工具包（Plug-inSDK），2014 年第四季开始支持 Edipse。

（4）为第三方伙伴提供基于 LinkIt 平台的硬件开发工具包（HDK）。

（七）君正：Newton 平台，国内可穿戴平台

自 2013 年下半年开始，北京君正的 CPU 方案获得多家国内智能手表厂商的青睐。目前该公司正积极与原始设计制造商（ODM）合作，紧密配合 AndroidWear 操作系统的发展，推出可穿戴式和物联网设备的整体解决方案——Newton 平台，并期望进一步扩展至海外市场。果壳 GeakWatch、智器 ZWatch、土曼手表和 TickWatch 等都采用的是北京君正的芯片方案。君正现已发布基于 M200 的第二代 Newum2 平台。

Newton2 采用君正双核 1.2 GHz 高性能低功耗可穿戴式设备专用处理器 M200，超小尺寸模块（15 mm×30 mm×2.4 mm），器件选择和硬件电路充分考虑了小体积和低功耗设计。基于君正创新的高性能低功耗 CPU 技术 XBurst（MIPS 架构）以及集成强大的 3D 图形处理器，在保持低功耗下能够流畅地运行最新 Android 系统。支持 H.264720P@30fps 编码 / 解码能力，集成了语音唤醒功能的音频 CODEC，使得设备在待机模式下可被语音唤醒。集成的 Wi-FiIEEE802.11b/g/n 和蓝牙 4.1（支持 BLE）可用来开发各类与智能手机和云连接的功能，集成的三轴陀螺仪 + 三轴加速度计 + 三轴磁力计可用来开发各类具有丰富体验的运动和游戏类应用。Newton2 平台完全开源，硬件原理图、Android4.4 源代码、面向软件开发者的 SDK 均免费提供。

Newton2 平台目标主要面向以下类型的产品信息娱乐类，如智能手表、智能眼镜、增强现实头戴设备、智能摄像机等；医疗保健类，如各类可穿戴式的医疗保健监测设备，具体如心率计、血压计、血氧仪等；运动健身类，如健身腕带、运动手表、活动监测设备、智能服装、睡眠检测设备等。

（八）整体解决方案小结

现有可穿戴设备整体的解决方案大致可分为两类：一类是基于 MCU 和无线连接技术的解决方案；另一类是基于 CPU 的完整解决方案。如表 8-12 所示。

表8-12　整体解决方案小结

方案类型	代表平台	目标市场
MCU+ 无线连接的解决方案	博通 WICED，TlMetaWatch，CSR1012	手环、简单手表、健康类应用等
基于低功耗 CPU 的完整解决方案	英特尔 Edison、飞思卡尔 WaRP、联发科 Linklt、君正 Newton2	功能较为丰富的智能手表、眼镜，增强现实设备，健康、医疗等应用

　　包括高通在内的芯片厂商也将进入可穿戴领域，可穿戴产品的整体解决方案将更加丰富，呈现百家争鸣的态势，低功耗、高度集成、各种类型传感器的应用、无线连接等将是整体解决方案重点设计的内容。英特尔的 x86、君正的 MIPS 架构方案与 ARM 方案同台竞争，有利于可穿戴产品的多样化和专业化发展。主力厂商推出的硬件、软件一体化解决方案也有利于 ODM 厂商更加专注于产品的设计和用户体验的提升。

　　总而言之，技术进步是可穿戴产品蓬勃发展的基础，解决方案的丰富是可穿戴市场走向成熟、被广大消费者接受的保证。除硬件解决方案外，可穿戴设备的操作系统决定了多种设备之间互联、互通的性能和体验。

第四节　基于 Android 平台的智能可穿戴设备应用开发

一、Android 系统及应用程序架构

（一）Android 平台简介

　　Android 操作系统是谷歌公司于 2007 年推出的具有开源特性的手机操作系统，它基于 Linux 平台开发而来，而 Android 的意思是"机器人"。Android 系统采用了分层式的架构，它包括底层基于 Linux 的操作系统、中间件以及核心应用程序，它的核心包括安全性、内存的管理、进程的管理和网络协议栈等都依赖于底层 Linux。Android 应用程序代码大部分是基于 Java 语言编写而成，同时也支持一些其他语言。Android 平台技术由开放手机联盟（Open Handset Alliance）的全球性联盟组织推广，该联盟支持谷歌公司发布的 Android 手机操作系统或者相关的应用软件。

　　Android 操作系统类似于其他的操作系统，自上而下可以分为四层，具体而言第一层是应用程序层（Application）；第二层是应用程序框架层（Application Framework）；第三层是系统库和 Android 运行时环境（Libraries&Android Runtime）；第四层是（Linux）操作系统内核层（Linux Kernel）。其中 Android 运行环境主要是指 Dalvik 虚拟机，应用程序、应用程序框架以及 Dalvik 的核心库均运行 Dalvik 虚拟机之上，Android 应用程序的大部分代码是由 Java 语言编写而成。

1. 应用程序层

应用程序层是 Android 系统层次的顶层，是普通用户直接接触到的层，同时也是绝大多数用户能接触到的唯一的一层，它直接决定了设备的使用体验。

Android 操作系统为方便用户的使用，在其任一版本发布的同时，会自带许多为方便用户使用的核心应用程序以及一些常用应用程序。其中，语音应用、通信录应用、短信应用、相机以及话机设置应用等作为手机必备的功能应用。包括邮件、日历日程应用、网页浏览器、地图导航等应用程序作为日常必备应用程序提供给用户。值得注意的是，Android 系统内所有功能均以应用程序形式展现，大都可由用户停用或者（隐式）卸载。

Android 系统内的所有应用程序均运行在一个称为 DVM（Dalvik Virtual Machine）的虚拟机上。通常情况下开发者们根据自身需要而设计开发的 Android 应用程序通过 Java 语言实现，而从地位上来说它们与那些系统自带核心应用是基本一致的。但应用程序直接与用户交互，其安全风险不言而喻。因而开发人员需要对应用程序安全性有一个基本的理解，包括采用何种方式保护敏感数据，如何加强代码层面的强健性，如何加强应用程序的访问权限等。

2. 应用框架层

应用框架层是开发 Android 应用的基础，大部分开发人员是在此层上开发相关应用。这一层的主要功能是为 Android 开发者提供开发过程所需的各种 API。应用程序框架定义包括了任意一个应用程序运行所必备的全部功能组件，开发者可以访问并使用其需要使用的 API 框架。Android 平台的这种架构设计简化了组件的重用，使得开发工作得以简化。

Android 平台在应用框架中虽然已经提供了许多可以供应用程序直接调用的组件，但开发者们也可以自行设计需要使用的组件。一般情况下，开发者将所开发的新组件放到应用框架里面，而其他应用程序在遵循框架安全性限制的前提都能够重用之前所发布的新组件，这样就为 Android 应用程序的开发提供了很大的便捷性。Android 应用程序框架主要由 Java 语言编写而成，因此 Java 语言是 Android 开发者进行开发的基础。

3. 系统库和 Android 运行时环境

系统库大多为开源库，主要服务于 Android 应用程序组件，它的功能通过组件间接提供给程序开发者。而主要的类库包括字体库 FreeType、C 库、多媒体框架、用于运行网页浏览器的 WebKit、服务于游戏开发的 OpenGL、轻量级数据库操作系统 SQLite、字体库 FreeType 等。

Android 运行时环境包括核心库和 DVM 两部分，它的主要功能是有效优化程序运行过程。核心库的内容由 Java 语言编写而成，可分为两大部分，第一部分主要是很多 JavaSE 包的子类中的功能函数；第二部分是 Android 的核心库（Android 特有的库文件），如基础数据结构、I/O、工具、数据库、网络等库。DVM 在 JVM（Java Virtual Machine，Java 虚拟机）之上基于寄存器开发而成，它的重要作用是对生命周期、堆栈、线程、安全和异常等进行管理，同时负责垃圾的回收。然而 DVM 与 JVM 又有所区别，如 Dalvik 虚拟机是基于寄存器开发，Java 虚拟机则是基于栈开发。Dalvik 虚拟机运行的是 .dex 文件，负责解释并执行 Dalvik 字节码，而 Java 虚拟机则运行 .class 文件，负责解释执行 Java 字节码。

4.Linux 内核层

Linux 内核层处于整个 Android 系统架构层次的最底端，Android 系统以 Linux2.6 作为操作系统核心。谷歌公司针对 Linux2.6 的内核进行修改，并最终根据自身所需，提供了一系列适用于手机操作系统的核心系统服务，如安全性、进程管理、内存管理、网络协议栈和驱动模型。此外，Linux 内核可以视作一个抽象层，桥接了软硬件，可以在隐藏具体硬件特性的同时为上一层提供软件层面的标准服务。Android 系统对 Linux 操作系统的使用还包括了显示、音频等驱动程序部分。另外，Android 系统还对此部分做了部分修改，主要涉及两部分：Binder（IPC）和电源管理。

5.层次间的关系

在 Android 各层次之间，下层为上层提供服务，上层利用下层的服务，Android 的这种架构更加适用于手机终端，同时使得 Android 系统具有一定的灵活性、扩充性和稳定性。对于每一个应用程序，Android 系统都为它们分配独立的 DVM 实例，它们各自运行在独立的进程中，这样保证了应用程序在运行过程中不会受到干扰和破坏。

（二）Android 应用程序设计理念

Android 运行时环境主要是指 DVM 技术，DVM 是专门基于 Android 平台的虚拟机。它主要是为 Android 应用程序提供运行环境，其上基本运行的是 java 语言编写的应用程序，是 Android 平台极为重要的组成部分。Dalvik 虚拟机运行 .dex 格式的应用程序，其中 .dex 文件是通过 dx 工具将程序中的多个 .class 文件合并后生成。.dex 文件在结构上更加简洁紧凑，不需要跨进程即可查找相关的定位信息，效率更高。

一般的 Java 应用程序只能在一个进程中运行，这明显不能满足 Android 最初的设计理念。因此，DVM 在 Linux 进程管理的基础上针对移动终端做出修改，移动终端操作系统理应在任何时候在还未完成目标动作时，可以暂停正在进行的任何活动，转换到通话模式等，而当用户在通话结束后返回先前界面或活动时，可以完成先前的工作。Android 之前出现的移动操作系统虽然也可以并发执行多个程序，然而此时却占用了过多的系统资源，对于如手机的移动终端，其系统资源相对来说毕竟还是很少的。此外，除了系统资源不足的问题，如果内存管理不当导致已关闭或不再使用的程序依然占用其不需要的资源，必然会导致运行速度缓慢，从而可能致使整个系统的崩溃。为了解决系统资源尤其是内存资源的分配和管理问题，Android 提供了一种新的机制——生命周期。

Android 系统出于减轻开发者负担的目的，应用程序不必自己管理其生命周期，而将这一工作交给系统进行统一管理。一般情况下，任意一个 Android 应用程序可以视为一个进程，如果系统内存行将耗尽，系统会根据各个进程的级别高低自行进行管理。无论是应用程序的用户还是开发人员，不能也无需确定其被回收时间。

Android 系统的应用程序，在一定程度上可以说只是相关组件的集合体，是它们的上下文描述。可以说，同一个应用程序的各个组件也是相互独立的，系统并不会直接将作为组件集合体的应用程序建立。通常，只有在这些组件需要运行的时候，系统才真正生成对应的应用程序对象。通常的流程是，一个组件需要运行，Activity Manager Service 在获知此消息后为包含此组件的应用程序建立一个对应的进程。每一个组件作为独立的个体可以自由地交互而不是仅仅局限于单个应用之中，组件可以主动请求服务，而不必考虑其处于哪个应用程序之中，以上可视作 Android 应用程序的设计开发理念。

（三）Android 应用程序组件模型

在一个 Android 应用中，可能包含四种独立的组件，它们之间相互协调，相互调用，组成一个完整的应用程序。相同或不同的组件与组件之间的通信，基本经由起纽带作用的 Intent 协同实现。Intent 的作用是描述应用中的组件每次操作的动作、其涉及的数据以及附加数据，系统根据其中描述的内容，与相关组件匹配，最终通过 Intent 的调用实现组件的调用。综上所述，Intent 可以视作一个桥梁或者媒介，它负责提供组件间与调用有关的信息，实现了调用者与被调用者之间的解耦。Android 四大基本组件分别是 Activity，Service（服务），Content Provider（内容提供者），Broadcast Receiver（广播接收器）。四者与 Intent 之间的关系密不可分。

1.Activity

Android 的 Activity 实际上可以说就是一个屏幕界面，它基本上以全屏显示的窗体、非全屏显示的对话框等形态直观地显现给使用者，应用程序通过这种可视化的界面与使用者进行交互。通常情况下，任何一个 Android 应用按照其功能的需要都具有不同的使用阶段，而这些互相区别的每一个阶段都对应有自身的 Activity，因而一般来说任何一个应用都含有多个 Activity。

从启动至毁灭的整个过程称为 Activity 的生命周期，按照生命周期以及用户角度和可视化角度，Activity 大体上可分为三种状态：活动状态、暂停状态以及停止状态。用户主要与处于活动状态的 Activity 进行交互，此状态的 Activity 位于 Activity 栈的顶层，其特征从可视化角度来说是完全可见。如果一个 Activity 的界面被其他界面部分遮挡，则此 Activity 处于暂停状态，其特征从可视化角度来说是不完全可见，而用户无法与处于此状态的 Activity 进行交互。而当一个 Activity 被别的界面完全遮挡，那么此 Activity 处于停止状态，从可视化角度来说其是完全不可见的，用户自然不可能与之交互。以上三种状态由 Android 提供的 Activity 堆栈进行管理，也就无须普通应用开发者过多关注。

2. Service

所有的 Service 都继承自 Service 基类。相较于 Activity，Service 拥有的生命周期很长，开发者使用 Service 基本有两个用途：后台运行和跨进程访问。相较于 Activity，Service~ 直运行在后台且并不存在显示界面，这也使得用户一般无法与之交互。正如 Service 的直译名"服务"，开发者通常使用它来为用户提供一些不需要进行交互的工作，如在网络上传输数据等。相较于 Activity 而言，Service 的生命周期比较简单，按照其使用流程可以大体上分为以下三个阶段：创建服务、开始服务以及销毁服务。按照其使用方式，通常可以分为以下三种：第一种由 startService 方法调用，这种服务的主要作用是进行与外界不通信的后台工作，中止则调用 stopService 方法；第二种由 bindService 方法调用，这种服务起到与外界通信的作用，中止则调用 ubindService 方法；第三种则同时使用 startService 方法以及 bindService 方法调用，这种服务作用结合了前面两种服务的特点，中止则需要同时调用 stopService 方法以及 ubindService 方法。

3.Content Provider

Content Provider 提供了一种特殊的可供其他应用使用的数据类型以及获取和操作这些数据一整套标准。通常情况下，这些数据保存在文件系统或者 SQLite 数据库之中，或者以其他有意义的形式存储。内容提供者继承于 Content Provider 基类，提供实现了一套标准的允许其他用户检索和储存数据的方法，从而使得数据得以共享。但是，应用程序并不可以直接使用这些方法来获取使用相关数据，它们必须通过使用 Content Provider 的实例来调用它的方法。Content Resolver 可以与任何内容提供者交流，它们之间的合作可以管理进程之间的通信和数据共享。

4.Broadcast Receiver

Broadcast Receiver 的作用是异步接收广播，本质上是用来获取广播中的 Intent 内容。需要注意的是，只要经过授权，处于不同应用程序中的不同 Broadcast Receiver 可以接收同一个广播。Broadcast Receiver 是 Android 系统用来响应外部事件的组件，这些外部事件包括了系统自身事件，如手机充电与否，也包括了其他程序主动发出的事件。Android 广播这一处理机制与通常的事件处理机制相仿，但不同之处在于，一般的事件处理只是组件级别的，而前者是上升到系统级别的。Broadcast Receiver 作为广播接收器不需要也不能实现类似 Activity 的显示界面或者其他复杂的功能，通常情况下，它只负责接收某个广播，然后负责启动相关 Activity 或 Service，也可以通过 Notification Mananger 提示使用者等。如果需要使用 Broadcast Receiver，则需要进行相应的注册工作，一般情况下，可以在 Android Manifest.xml 内进行静态注册，或者根据需要在应用程序相关代码调用 Context.register Receiver 方法进行动态注册。一个 Broadcast Receiver 对象只有在调用其 onReceive（Context, lntent）方法时才进行工作，由于一般情况下 Broadcast Receiver 的工作只是接受广播，它的生命周期非常短，因而一旦在其中进行的工作时间过长（一般不能超过 10 s）将会导致系统报错。onReceiveO 方法执行结束后后，Broadcast Receiver 便完成了任务，此时它就被系统销毁。

二、索尼可穿戴智能设备软件平台分析

（一）可穿戴智能设备软件平台概述

可穿戴智能设备尽管主要以手机为平台，但其具有在一定程度的独立性及特殊性，这就要求它有自身的一整套规范来运行相关软件，因而仍需单独为其在手机上架构整套的软件平台。可穿戴智能设备的性质决定了其软件平台的设计必须考虑以下几个因素：界面设计、操作性、应用软件的可靠性、软件平台的可扩展性以及网络管理模块的实用性。

1. 界面设计

在软件平台的设计当中，界面设计是一个很关键的部分。因为它是计算机和使用计算机的人之间的接口，它设计的好坏决定了用户是否能更有效地使用计算机提供的各种功能。

2. 操作性

由于可穿戴设备的性质，在输入过程中，要尽量减少文本输入的数量，同时尽最大可能使用最好操作的键。

3. 应用软件的可靠性

可穿戴设备的某些任务需要较高的可靠性，如文件传输、语音传输这些网络传输在可靠性方面都需要根据自己的特点提出自己的高可靠性传输机制。

4. 软件平台的可扩展性

软件平台提供最基本的功能，且它必须易于扩展，以便为满足特殊需求而进行的二次软件开发。在软件平台的框架结构，以及模块的设计上要充分考虑可扩展性。

5. 网络管理模块的实用性

由于考虑到可穿戴设备电量低，不应频繁充电等特点，应采用低能耗的网络，故优先考虑蓝牙技术。

索尼 SmartWatch2 作为可穿戴智能设备中最为活跃的智能手表的一个具有代表性的设备，其软件平台附属于整个 Android 平台体系，使用自身附属 add-on SDK 包来进行相关扩展应用的开发。综合上述对于可穿戴智能设备软件平台的要求以及 SmartWatch2 自身的特点，我们认为 SmartWatch2 非常适合作为笔者的研究对象。

（二）索尼 SmartWatch2 体系架构分析

1. 扩展应用的运行机理

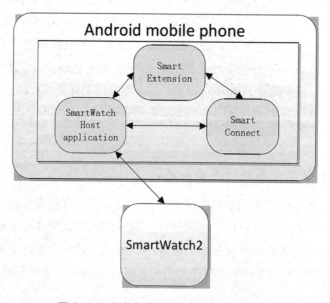

图 8-28　智能扩展应用与 SmartWatch2

索尼可穿戴智能设备与 Android 设备之间通过蓝牙通信，两者的连接使用由 Smart Connect（智能连接）以及 Host application（主应用）二者共同控制。SmartWatch2、智能扩展应用、主应用以及智能连接之间的关系为，智能连接为所有主应用的平台，扩展应用既需要与智能连接交互也需要与主应用交互（主要与主应用交互），主应用为扩展应用与 SmartWatch2 之间传输信息，如图 8-28 所示。

2. 主应用

主应用掌控与可穿戴智能设备之间的所有交互功能，对于 SmartWatch2，其主应用即名为 SmartWatch2 的这一 Android 应用。主应用使用智能连接内部的 content providers 找到哪些智能扩展应用可以在可穿戴智能设备上使用的信息。它与 Smart Extension APIs 中的 Notification API（通知 API）紧密相关。主应用从通知 API 的 content provider 中读取通知传送给并呈献在 SmartWatch2 上。总体来说主应用可以看作是 SmartWatch2 的软件平台，而各个扩展应用是基于此软件平台的应用。各应用都是使用必要的 Smart Extension API，通过主应用以及智能连接与 SmartWatch2 交互。

3. 智能连接

智能连接是提供给 Android 设备管理扩展应用以及可穿戴设备相关设置的一个框架。Smart Extension APIs 中的两个 API（Notification API）以及 Registration and Capabilities API）的 content provider 可视作智能连接的一部分。它可以起到一个数据库的作用，主应用可以取得其中的数据（如需要发送的 Notification 的相关信息等）并发送给智能扩展，再由智能扩展应用按照既定方式显示在手表之上。

4. 智能扩展应用

智能扩展应用可解释为对可穿戴智能设备功能进行扩充的应用。首先需要说明的是，手表端并不存在物理硬盘，只有内存。而供 SmartWatch2 使用的智能扩展应用，实际上还是作为（特殊的）Android 应用运行于手机端。智能扩展应用与普通 Android 应用的不同之处体现在，其还需要基于额外的 Smart Extension APIs 开发，最终来显示、提醒甚至反过来控制手机，所有扩展应用都是通过蓝牙进行数据传输。通过使用 Smart Extension APIs，可使得 Android 设备与 SmartWatch2 通信。值得注意的是，主应用的功能不包括在可穿戴设备的屏幕显示内容。例如，Facebook 的更新提示，来自 Twitter 的消息提示，未接电话的提示等，这些功能通过智能扩展应用来实现，而主应用主要起到连接手表以及充当数据连接的作用。

简而言之，智能连接可视为所有扩展应用的数据库，所有扩展应用将信息注册到此数据库中，而不同穿戴设备的主应用从其中取得自身所需的扩展应用信息，扩展应用此后只与主应用通信。

（三）Smart Extension API 的结构

考虑到 Android 手机的处理性能日趋强大，使得可穿戴智能设备，如 SmartWatch2 的性能在一开始便设计得尽可能"轻量"，而把大部分的处理放在手机端。因而，索尼可穿戴智能设备大部分处理功能作为主应用处于手机端。这也是为什么可穿戴设备的功能扩展可以看作是对 Android 设备的功能扩展。

对于每一个索尼可穿戴智能设备，都存在一个主应用与之对应。可穿戴设备通过蓝牙与运行在手机端的主应用通信。

智能扩展应用通过 Smart Extension APIs 与主应用通信。需要特别说明的是，一个智能扩展应用不与某一特定的可穿戴设备绑定，任意一个扩展应用可以给不同的可穿戴设备传送数据，但需要注意可穿戴设备的支持性。例如，智能蓝牙耳机作为简单显示设备不具备如 SmartWatch2 一样的高级显示功能。主应用的任务之一就是为有相应功能的可穿戴设备发送数据，而对于某个可穿戴设备是否具有此功能，则从功能列表中查询得到。主应用作为 Smart Extension APIs 的后端，同时提供以下服务：与硬件单元的通信；为可穿戴设备上的 UI 提供构建模块；调度相关的 Smart Extension API 信号；在手机端 UI 显示相关内容，供用户定制特定的动作，如使用扩展应用、震动等。

（四）Smart Extension API 的作用

每一个智能扩展应用在它与主应用通信之前都需要注册。这就意味着，每一个智能扩展应用都至少需要实现 Registration and Capabilities API（注册和功能 API），再加上另外需要的一个或多个 API 才能正常运行。开发需要基于所需的 Smart Extension APIs 开发智能扩展应用。Smart Extension APIs 共包括五个 API，其中 Control API（控制 API）、Widget API（部件 API）、Sensor API（传感器 API）这三个 API 均是基于 Intent 工作，而 Notification API（通知 API）和 Registration&Capabilities API（注册和功能 API）这两个 API 则是基于 Content Provider 工作。

1.Registration&CapabilitiesAPI

扩展应用程序和主应用都必须使用此 API，它是所有 API 中最先需要被使用及实现的。通常主应用插入和维护有关的 SmartWatch2 功能的信息。而扩展程序为了与 SmartWatch2 合理地交互必须使用这些功能信息。任何一个扩展应用程序在与 SmartWatch2 交互之前必须提供注册所需的所有信息。该 API 定义和实现了一个 Android Content Provider 以使扩展程序能通过 Android 的 Content Resolver API 访问。该 Content Provider 通过数据库部分实现。

实际上 Registration&Capabilities API 分为两大块内容，但其功能极为紧密，且都是实现扩展应用最先需要的 API，故将两者作为一个整体分析。

（1）Capabilities API

此部分实际上可看作为一个 Android 组件中的 content provider，用来提供 SmartWatch2 相关功能信息。这些信息由主应用提供，扩展应用程序的开发者则为了确认是否可以通过控制、传感器、部件 API 与 SmartWatch2 交互而使用这些信息。

每个配件都在 host_application 表中有一条对应记录，不同的主应用通过其包名以区别。对于每一个主应用则在 device 表中有一条或多条记录。而对于不同设备所支持的显示屏、传感器、LED 以及输入方式则分别记录在对应的表中。整个功能表可由 content provider 和相应 URI（Uniform Resource Identifier 统一资源标识符）取得。host_application 表存储在智能连接的数据库中。

（2）用户配置

扩展应用可能要求用户在使用前进行配置，如最常见的账号登录。此时可以通过设置 Extension Columns.CONFIGURATION_ACTIVITY 的值为相应的 Activity，而此 Activity 则根据软件具体需求实现，关键代码已于上文给出。当用户进入配置界面时，主应用就会显示注册的 Activity 界面。

2.Notification API

Notification API 是另一个重要的 Smart Extension API。Notification 引擎收集不同来源的事件数据到同一个位置，供配件主应用访问，主应用不必去访问各个不同的数据源。事件数据就是社交网络上的活动流、新的短信和彩信提醒、未接来电提醒等。

扩展应用添加事件到智能连接的数据库中，由主应用取出 Notification 事件传送给配件。所有事件来源都集中储存在同一个数据库中。

（1）数据源与事件

数据源是逻辑上的抽象，引入这个概念是为了区别不同来源的数据，但同时又可以将这些来源打包成一个独立的 APK。一个用例就是邮件聚合扩展应用，它允许仅使用一个 Android 程序包就能让用户连接不同的电子邮箱；每个邮箱账号都是一个数据源或者可以说整个扩展应用本身仅是一个数据源。Notification.Source 存储了 Source 相关的属性信息。主应用可以使用 Source 来过滤事件数据，或者给用户提供配置项进行 Source 事件数据过滤。开发者想让主应用显示来自不同 Source 的事件，需要添加 Notification.Source 信息。一个扩展应用最多可以关联 8 个 Source，超过，上限将导致抛出异常。一个 Source 必须跟一个扩展应用关联。

事件代表一个需要显示给用户的重要提醒。比如，短信提醒、未接电话提醒、社交网络上朋友们的状态更新等。Notification.Event 用于保存扩展应用提供的事件。主应用通常使用 Event 表中的信息来进行显示。Event 总是来自于 Source，但 Source 并不是总有 Event。每个 Source 最多允许 100 个 Event 存放在 Notification.Event 中。到达上限后，之前的事件会被之后的事件覆盖。

在扩展应用注册后，添加事件操作之前一个事件必须关联到一个来源，添加数据源关键代码。

（2）应用间交互

扩展应用使用 Android Content Resolver API 跟 Notification 引嘴的 Content Provider 通信。为响应用户输入，扩展应用需要实现至少一个 Broadcast Receiver 来监听主应用发出的广播。

（3）获取事件

扩展应用可以周期性地从数据源获取事件数据，或者依赖主应用发出的名为 REFRESH—REQUESTJNTENT 的 Intent 来触发获取数据的过程。

如果依赖这个 Intent 来触发获取事件数据的操作，需要定义 Broadcast Receiver。然而扩展应用不应依赖此 Intent，因为其发送间隔不固定且取决于发送者如何实现此 Intent。当然，主应用启动时一定会发出一个 Intent，扩展应用可以利用这一特点。

当扩展应用有事件数据需要插入到 Notification 引擎的 Content Provider 中时，可以用 insert（Uri，Content Values）或 bulkInsert（Uri，Content Values[]）。当有大量事件数据需要插入时，考虑到性能问题建议使用后一种方法。

3.Control API

控制 API 能让扩展应用完全控制 SmartWatch2，包括控制屏幕、震动以及输入。值得注意的是，由于是完全控制 SmartWatch2，所以同一时间只能有一个使用控制 API 的扩展应用运行。

（1）注册

Control Extension 在使用配件之前，需要使用注册 API 中的 Content Provider 插入一条记录到 Extension 表中。此外还应在注册表中添加信息。每个可与扩展应用交互的主应用均应完成上述过程。同时，扩展应用需要使用 Capability API 来找出哪些主应用可用以及主应用支持哪些功能。

（2）Control Extension 的生命周期

Control Extension 并不能任意执行，它应先确认没有其他 Control Extension 在运行，这种情况下当前扩展应用才能使用 CONTROL_START_REQUEST_INTENT 来请求运行自己。当主应用准备将控制权交给扩展应用后，它将发出一个 CONTROL_START_INTENT 响应。

当扩展应用在配件上可见时主应用将发出 CONTROL_RESUME_INTENT。可以认为此刻起扩展应用已经控制一切了，而主应用不过是在配件和扩展应用之间传递信息。

当一个高优先级的扩展应用需要运行或者负责管理屏幕状态的主应用关闭屏幕时，也可以暂停扩展应用。这种情况下主应用给扩展应用发送 CONTROL_PAUSE_INTENT。这时，因为当前扩展应用可能已关闭或者其他扩展应用开始控制配件，当前扩展应用已经没必要更新屏幕了。如果当前扩展应用强行更新屏幕时，主应用会忽略这些违反规定的调用。

当扩展应用处于暂停状态时，它不能再控制屏幕、LED、振动器、按键事件。通话扩展应用就是一个具有高优先级的扩展应用。比如，当某个扩展应用正在运行，这时使用者接到一个电话。我们希望能够暂停正在运行的扩展应用，让通话扩展应用在屏幕上显示来电号码。当通话结束后，通话扩展应用结束，原来运行的扩展应用便可以恢复运行。原来的扩展应用会接收到从主应用发出的 CONTROL_RESUME_INTENT，之后将重新控制一切。

用户退出扩展应用时主应用会发送一个 CONTROL_PAUSE_INTENT 给扩展应用，之后紧跟着发送一个 CONTROL_STOP_INTENT。此后主应用重新获得控制权。

（3）Control API 的内容

Control API 仅包含两个接口，Control.Intents 和 Control.KeyCodes。Control.Intents 定义和控制相关的在主应用和扩展应用之间发送的 Intent。Control.KeyCodes 声明按键的常量，如前进、后退、声音调大调小等。

Control Extension 通过调用其实现的 Control Extension 抽象基类中的不同方法实现对

SmartWatch2 的控制，每一个方法内定义了所需的 Intent，最后通过 protected void send To HostApp（final Intent intent）方法向主应用发送广播以实现其功能。

　　常用方法有控制 SmartWatch2 屏幕状态的 protected void set Screen State（final int state），屏幕状态包括开、关、暗、自动四种，默认为由主应用进行控制的自动状态。而 protected void start Vibrator（int onDuration，int offDuration，int repeats）方法控制 SmartWatch2 的识动。

　　Control API 最重要的功能是可以控制屏幕上显示的内容。如果想在 SmartWatch2 上显不指定的内容，首先需要创建一个继承 Control Extension 的子类。通常利用布局类实现背景的显示功能。

　　4.SensorAPI

　　SmartWatch2 支持重力加速度传感器和光感传感器。传感器的数据通过 Local Socket 传送，为了建立通信，扩展程序需要建立一个在监听模式的 Local Server Socke，同时需要发送 SENSOR_REGISTER_LISTENER_INTENT 这一 Intent 进行注册。对于 SmartWatch2 就是建立一个 Accessory Sensor Event Listener 成员并注册，它用来监听来自传感器的数据。在注册时，可以指定传感器数据的数据传输速度以及是否使用中断模式。中断模式下，只有传感器数据出现变化才发送数据，而非中断模式则是持续不断发送数据。当不使用传感器时，必须取消对传感器的注册。

三、密码输入保护方案的设计

（一）密码输入保护方案需求分析

　　对于广大手机使用者来说，一种常态是手机时常借给同事邻里使用或者遗落在办公桌等地方，锁屏或者通用密码不能起到较好的保护个人隐私的作用。由于可穿戴智能设备（此处及后文以 SmartWatch2 为例）的出现，笔者特别提出一种软硬件结合方式输入密码，以防止上述情况的出现。

　　无论用户使用系统默认输入法键盘还是自定义软键盘，以往智能手机的输入尤其是密码等信息的输入都可以被监控以致用户信息尤其是密码数据被黑客窃取。基于这个原因，笔者设计实现的密码输入保护方案的总体设计思路是提供一种只使用智能手表 SmartWatch2 而不在手机端输入密码数据的方法，将密码输入过程完全放在手表端，这在一定程度上可以防止密码被窃取。

　　笔者将此密码输入保护方案设计实现为一种基于 SmartWatch2 的扩展应用，称之为密码输入器，扩展应用在实现方面应充分考虑其实用性。此应用为需要提供特殊保护的应用提供密码输入键盘，并且不针对某一应用单独使用，而是为所有需要的应用提供输入服务。同时，为了达到使用效果，笔者同时实现一个普通的 Android 应用与密码输入器扩展应用配合使用。普通 Android 应用、密码输入器智能扩展应用以及手机间的结构关系如图 8-29 所示。

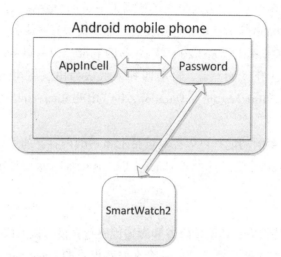

图 8-29　普通 Android 应用与密码输入器应用结构关系

（二）Android 权限机制

Android 系统整体架构的安全性体现在：任何应用程序都不能在没有权限（permission）的情况下，对系统内其他程序有非法的操作，对其他程序造成负面影响。

Android 系统的权限机制，是 Android 系统在应用框架层上为应用程序提供安全保障的最核心也是最基本的机制。权限机制的作用是将使用者所安装的应用程序限制在合理范围，Android 系统内的任意一个应用程序所占的进程都可以看作一个独立运行的沙盒，这个沙盒不能在没有声明并获取它自身所需权限的状态下通过任何方式影响别的应用。权限机制保障系统安全的方式是通过实施基于权限的安全策略。具体来说，当使用者安装一个应用程序，该应用程序需要使用的一切权限在此时会以列表的形式展示给使用者，此时使用者可以判断这些权限是否确实需要或安全，如果使用者确认通过并安装，系统才赋予这些权限并在应用运行时验证权限。如果验证错误，该应用程序就会由系统自动关闭。Android 系统在其 SDK 中定义了 android.manifest.Permission 类，这个类包含了一系列默认的权限，同时也允许开发者自定义新的权限。Android SDK 中共定义了总计达 122 种的系统权限，包括访问蓝牙设备等。Android 系统的主要安全规范体现在只有得到用户和系统许可获得相关权限后，应用程序才可能执行相关操作。

Android 的权限机制仅对单独的应用程序有效，对于多个程序或组件则较易提高权限，如组件 A 可以通过调用组件 B 的某个可以被外部调用的功能实现组件 A 未被授权的功能，从而达到隐式权限提升。这种方式为恶意代码权限的提升带来了便利，使得重要信息被泄露。目前，恶意代码经常通过这种方式实施相关操作。

同时，由于当前用户对于手机防病毒的意识还比较淡薄，同时手机中的通信录、短信息等均可以被应用程序访问，虽然这些权限会在应用程序被安装的时候给出提示，但是这样并不能保护用户安全。因为恶意软件的请求权限方式与正常应用程序并无区别，用户很难判断出来。Android 系统并没有强大的防火墙或保护措施来判断用户的隐私信息是否被非法访问，Android 系统只能对应用程序做完整性以及稳定性的监测。应用程序的权限在经过授权许可后，这些权限在程序的整个生命周期内一直保有，不会被解除，Android 系统缺乏对应用程序动态运行时的监测。综合以上几点，Android 系统在一定程度上无法完全依靠权限机制来保障应用程序的安全性。

（三）硬件绑定

众所周知，厂商在电脑的网卡（包括无线网卡）出厂的时候便赋予其具有唯一标识的MAC 硬件地址，因而在日常生活中频繁使用的，如无线路由器中可以设置只为某些 MAC 地址提供网络服务。蓝牙设备的 MAC 地址与电脑网卡 MAC 地址异曲同工，都具备唯一的识示性。故笔者以此思路提出可以使用类似绑定网卡 MAC 地址方法的绑定蓝牙设备 MAC 地址的方法。以此方法达到只能使用特定 SmartWatch2 输入密码的效果。

如前文所述，SmartWatch2 与 Android 手机之间的连接以及通信环节均建立在蓝牙技术之上，因而上文提出以 SmartWatch2 设备的蓝牙设备 MAC 地址作为标识的方法得以实用，使用者通过密码输入器注册提供的 Activity 界面设置与其绑定使用的蓝牙设备 MAC 地址，只有与设置的蓝牙设备 MAC 地址相同的蓝牙设备才能输入密码，这一方法能在一定程度上保证密码输入时的安全性。

Android 系统本身提供了一系列接口以供开发者使用，其中 Bluetooth Adapter 类为与蓝牙相关的核心类。通过此类可以获得本机蓝牙设备适配器，再通过此适配器获得与之相连的外围蓝牙设备信息，从而可以取得外围连接状态中蓝牙设备的 MAC 地址，以满足密码输入保护方案的需求。

（四）加密解密技术

当今社会是一个高度信息化社会，无论是公司还是个人都极为重视信息的安全，尤其是数据的安全。因而，数据加密算法逐渐发展成熟，并广泛地应用于生活以及科研中的各个领域。数据加密技术通常可分为两大类：对称式加密和非对称式加密。

对称式加密是指加密和解密两个阶段所使用的是相同的密钥，这种密钥一般被称为"Session Key"。由于对称式加密技术发展应用较早，这种加密技术在当今世界已被广泛采用。对称式加密算法主要包括 DES 加密算法，分组加密算法 AES，流加密算法 RC4 等。美国政府就曾经使用 DES 加密算法来进行数据加密，它的 Session Key 长度一般为 56 bits。由于对称式加密算法发展应用较早，对于早期的计算机处理速度低的特性，其在当时还能保证安全性。然而随着当今计算机处理能力的增强，DES 加密算法等对称式加密算法的安全性受到严峻的考验，如 DES 的密钥长度只有 56 位，在如今已经很容易破解。

较之对称式加密，非对称式加密的加密和解密两个阶段采用不相同的密钥，一般同时存在两个密钥，称为"公钥"和"私钥"，两者分别在加密和解密中使用。一般来说，公钥可以对外公布使用，而私钥则不能，一般只由解密方保存。通常情况下，在进行网络传输的时候，总是需要将己方密钥告诉对方来进行加解密工作，这样对于传统的对称式加密方法而言其密钥被窃取的可能性极大。而非对称式加密由于同时存在两个密钥，且其中的公钥本身就是可以公开的信息，收件人在解密时只需用其持有的私钥就可以解密数据，这在很大程度上解决了密钥的传输安全性问题，保障了信息传输的安全。非对称式加密算法中最常被使用的是 RSA 加密算法。

通常情况下，非对称式加密算法的显著缺陷在于对数据加密速度过慢，结合实际需求可以知道，笔者只对四位长度的密码进行加密，因而使用非对称式加密算法有其显著的优越性。使用 RSA 加密算法的加密解密过程如图 8-30 所示。

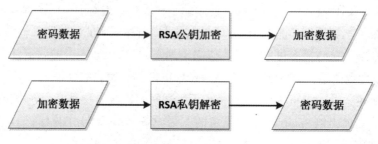

图 8-30　加密解密过程

1.RSA 算法

RSA 加密算法的实现基于一个公认的数学难题：两个非常大的素数相乘得到一个乘积，将得到的这个乘积在没有任何已知的情况下，直接进行因式分解是非常困难的，现阶段的方法以及运算速度，无法做到对其进行因式分解。在 RSA 使用过程中公钥和私钥是一对大素数的函数。SET（Secure Electronic Transaction）协议中要求 CA 采用 2 048 位的密钥，其他实体通常使用 1 024 位的密钥。就目前实际情况来说，所能破解的最长的 RSA 密钥的长度为 768 位。因此，通常认为长度 1 024 位的 RSA 密钥是基本安全的。RSA 加密算法的特点是，其密钥长度会随着保密级别的提高而快速增大。如果某个程序对于安全性的要求非常严格，可以使用位数更多的 RSA 密钥，对于 2 048 位的 RSA 密钥现阶段认为是极其安全的。然而，随着位数的增加，加密所耗费的时间也极大增加，对于短数据的加密完全没有必要采用过长的 RSA 密钥。

2.RSA 安全性

相对于一般对称式加密算法，RSA 的加密解密过程比较费时，但对于短数据其所需时间便在较好的范围之内，又能保证非常高的安全性。综合考量下，对于笔者所需功能，采用 RSA 的显著优势在于加密时间相对较短的情况下，具有很强的抵抗攻击能力。

（五）密码输入保护方案设计

密码输入器采用的软硬件结合方式的方法是，密码输入器根据使用者使用的 SmartWatch2 的蓝牙 MAC 地址与此 SmartWatch2 绑定，在绑定之后只能由绑定 SmartWatch2 输入密码，既不能使用手机端输入也不能使用另一个 SmartWatch2 输入密码。如果他人卸载密码输入器，只要在蓝牙服务范围内，SmartWatch2会自动震动以提醒拥有者密码输入器遭卸载。

较之支付宝等应用的自定义软键盘，笔者设计实现的密码输入器为了具有一般通用性，采用Android广播机制发送密码。广播机制的问题在于任意应用均可能接收包含密码信息的Intent，故需要在密码输入器与待输入密码应用之间自定义一种权限（Android权限机制）。

在权限机制保障一部分安全性的基础上，笔者再对Intent中包含的密码信息事先加密，以防止恶意软件或代码恶意声明权限盗取密码。

综合以上三重保护机制的设计，笔者设计实现的密码输入器在一定程度上可以保证用户输入密码的安全，从而保证了使用者个人信息数据的安全性。这三重保护机制如图8-31所示。

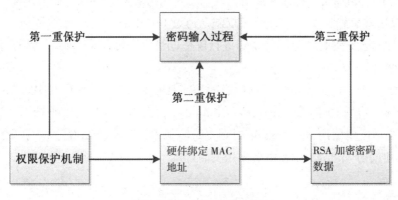

图 8-31　三重保护机制

（六）密码输入器的界面设计

Android应用界面是使用者的第一观感反应，是使用者评价应用好坏的基础以及重要因素。界面设计的重要地位不言自明，评判界面设计的优良可以粗略总结为以下几个方面。

1. 界面的风格，主要体现在界面背景，各种控件的大小排版，字体风格，整体协调性等方面。

2. 界面的流畅性，主要体现在界面切换的流畅度，各个独立界面的过渡性等方面。

3. 界面动画效果，主要体现在动画效果的优雅及美感等方面。

4. 界面的大小，主要体现在依据不同使用环境提供符合此环境大小的界面等方面。

SmartWatch2的屏幕较小，难以承载过多元素或者空间，过多字符在SmartWatch2这样小的屏幕上会导致显示效果以及触摸效果不佳。而由于设计之初已经考虑采用软硬件结合方式以及权限机制保障密码输入的安全性，故组成密码的字符数目无需过长，组成密码的字符复杂度也可以较低。综合考虑以上几个因素，笔者设计实现的密码输入器扩展应用密码的组成字符只需包含简单的数字就已足够。综上所述，笔者将密码输入器扩展应用Password的UI设计为包括十个数字密码按钮，一个回退按钮，一个确认密码按钮及一个密码显示框。

四、密码输入保护方案的实现

(一)实现方案概述

密码输入保护方案具体实现方案如下：首先，自定义密码输入器扩展应用独有权限，以保障只有此权限的应用才能发送密码信息，同时只有声明使用此权限的受保护普通 Android 应用才能接收来自密码输入器的广播。其次，用户将密码输入器与使用者的 SmartWatch2 使用蓝牙 MAC 地址进行绑定（蓝牙设备的 MAC 地址具有唯一性），保障只有此 SmartWatch2 才可以使用密码输入器。最后，对于广播内 Intent 包含的密码数据事先通过 RSA 加密算法的公钥加密，将加密后的密码信息发送给需要密码的普通 Android 应用。而普通 Android 应用端事先声明上述自定义权限，通过 Broadcast Receiver 接收包含密码数据的广播，通过与上述公钥配对使用的密钥进行解密，最后进行校验密码，密码正确则启动受保护界面，否则不启动。

在研究学习 Smart Extension APIs 内容的基础上可以知道必须使用其中的 Control API 用以显示密码输入器的 UI 界面，使用 Registration Capabilities API 对密码输入器进行扩展应用的注册，并不需要使用 Notification API，Sensor API，Widget API。对于获取蓝牙设备的 MAC 地址必须调用 Android SDK 中蓝牙相关的接口。

(二)实现过程

在完成各部分功能模块前，首先需要为扩展应用申请必要的权限以及自定义所需权限，所有权限的声明与定义都在 Android Manifest.xml 文件中完成。扩展应用需要注册自定义的权限以及声明一些必须的权限来保证扩展应用与主应用间的正常通信使用。

通过自定义权限的限制，只有声明了此自定义权限的应用程序才能接收到密码输入器发送的广播，同时也只有注册了此权限的应用程序才能发送广播给需要密码的应用程序。通过此方法可以在一定程度上保障密码传输的安全性，但还需其他保护措施。

1. 主要模块分析

密码输入器的主要模块可以分为广播接收模块、应用注册模块、逻辑模块、显示功能模块、设置模块以及加密模块这六大模块。密码输入器各个模块的具体作用如下文所述。

（1）广播接收模块

作为 SmartWatch2 的扩展应用，其广播接收模块通过 Android Broadcast Receiver 类接收来自主应用的不同广播信息，广播中的信息传输载体使用 Intent，而在接收各个广播之后广播接收模块启动以 Service 为实体的逻辑模块。这些广播主要包括以下几个部分。

①通用请求：扩展应用注册请求（这必须作为第一步）、设备连接以及本地化信息（主要是与可穿戴设备相连的智能手机的语言类别）。

②通知请求：视图事件详情以及刷新请求。

③控制请求：作为使用可穿戴设备必不可少的部分，其包括控制类扩展应用的各类事

件，主要有按键、点击、滑动、点击对象等。

（2）应用注册模块

笔者所述的扩展应用是供 SmartWatch2 使用的特殊应用，其相对于普通 Android 应用的特殊性体现在扩展应用需要在主应用上通过注册模块将自身注册为扩展应用，在此之后主应用才会将扩展应用相关信息（包括扩展应用名字、图片信息）传送给 SrnartWatch2 端供其使用。其中必不可少的是必须调用方法来声明本扩展应用所需使用的 API。

（3）逻辑模块

逻辑模块承接自广播接收模块，广播接收模块接收主应用发送来的广播之后会调用逻辑模块，逻辑模块的主要作用是调用方法完成应用注册以及生成作为扩展应用实体 Control Extension 的显示传输模块。

（4）显示传输模块

显示传输模块一般作为应用实体部分存在，无论扩展应用本身是通知类型、控制类型还是综合类型，其主要功能部分均在显示传输模块实现。

（5）设置模块

设置模块通常以 Activity 为实体，在应用注册模块时需要将此 Activity 注册以供密码输入器使用，密码输入器使用这一模块设置与自身绑定使用的 SmartWatch2 的 MAC 地址。

（6）加密模块

笔者设计实现的密码输入器由于考虑到通用性，采用广播机制发送已输入密码。由于权限机制以及地址绑定有一定程度的可破坏性，故需要在发送密码之前对密码进行加密处理，本模块作用即是采用 RSA 加密算法对密码数据进行加密。

2. 主要类的划分及关系

笔者将密码输入器扩展应用命名为 Password，普通 Android 应用命名为 App In Cell。App In Cell 是与密码输入器配合使用的普通 Android 应用，包含一个 Broadcast Receiver 的子类，用以接收扩展应用通过广播发送的 Intent，以及两个 Activity 的子类，分别用来显示锁定界面及应用功能界面。Password 包含四个重要类，如图 8-32 所示。

（1）Password Control SmartWatch2.java：扩展应用的核心功能部分，负责手表端界面的显示，用以输入密码，对输入密码进行 RSA 加密，发送加密后的密码数据至手机端的 App In Cell。

（2）Extension Receiver.java：接收不同的广播，以此启动 Extension Service。

（3）Password Extension Service.java：扩展应用的核心巡辑部分，负责 Extension 的注册以及生成 Password Control SmartWatch2 对象。

（4）Password Registration Information.java：提供注册 Extension 时所需的注册信息，尤其是需要使用的 AM 的信息。

（5）Main Activity.java：负责提供用户设置其需要绑定的 SmartWatch2 的蓝牙 MAC 地址，以供验证安全使用，设置界面较为独立故未体现在上文类图中。

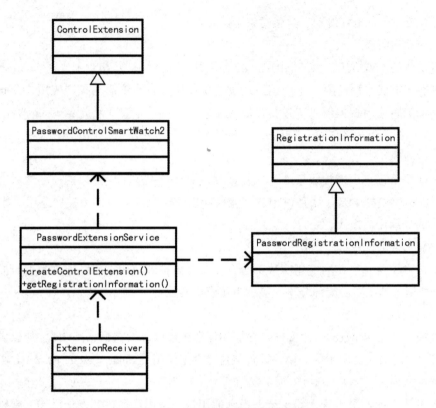

图 8-32　密码输入器主要类的类图

扩展应用 Password 与普通 Android 应用 App In Cell 的序列图如图 8-33 所示，图中左边三个类属于 Password，右边两个类属于 App In Cell。

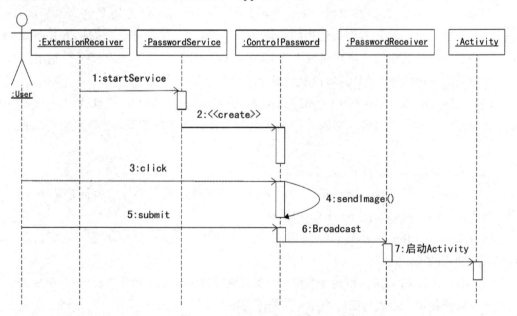

图 8-33　密码输入器的序列图

3. 设置模块

设置模块实体为 Activity 类，由上文应用注册模块注册此 Activity。此处实现扩展应用的设置功能，即由使用者设置绑定的 SmartWatch2 的蓝牙 MAC 地址。在 Eclipse 工程下创建 Main Activity.java，Main Activity 类继承自 Activity 类。作为扩展应用提供的安全保护措施，它提供输入框供使用者使用。

具体实现方面，本模块提供两个输入对象，使用者输入大端模式的两个相同蓝牙 MAC 地址后，扩展应用记录下此地址，此地址在程序运行阶段不再改变。之后在使用 SmartWatch2 时，只有与 Android 手机连接的 SmartWatch2 的蓝牙 MAC 地址与此地址一致时，才会广播发送输入的密码。SmartWatch2 的蓝牙 MAC 地址根据 Android 提供的一系列蓝牙相关 API 获取得到。

4. 加密模块

实现扩展应用密码数据的加密过程。采用 RSA 加密算法对密码数据进行加密解密工作。JDK1.7 中已经为 RSA 加解密提供了统一的接口，同时也提供了获得密钥的接口，故可以直接调用进行加解密工作。

考虑到扩展应用对于时间以及效率的要求较高，且需要相对安全的加密过程，因此根据前文所述，选用 1 024 位的密钥可以满足要求。首先，通过调用 generateKeyPair 方法可获得所需的密钥对。在获得密钥对之后，分别调用 getPlublic 以及 getPrivate 方法获得此密钥对的公钥以及私钥。在程序的初始化阶段，用得到公钥和私钥初始化程序中的公钥和私钥。程序运行阶段，其值不再改变。

5. 普通 Android 应用

笔者编写的普通 Android 应用只是作为演示，故结构功能比较简单，只需建立两个 Activity，第一个 Activity 的作用是提示使用者密码，在应用接收广播获得 Intent 之后，此应用使用生成的密钥实现对 Intent 内密码数据的解密，最后校对密码是否正确。第二个 Activity 的作用是作为密码输入正确后的显示界面，在实际应用中可根据特定需求更改为自定义的 Activity，以实现特定功能。值得注意的是，为接收广播需要声明使用扩展应用自定义的权限。这个普通 Android 应用为了接收来 SmartWatch2 手表端输入的密码消息，需要实现一个 Broadcast Receiver 接收广播。密码数据的解密过程使用与加密公钥配对的密钥，解密过程类似于加密过程。

（三）结果测试及分析

1. 测试过程中的关键问题

在对整个密码保护方案的实现以及测试的过程中，以下几个问题值得注意。

（1）没有正确为开发的扩展应用的 Library 属性添加 Smart Extension API 和 Smart Extension Utils 这两个必要的包，其中容易被忽视的是，Smart Extension Utils 包需要添加 Smart Extension API 包为 Lib。在建立新的扩展应用工程时，首先就要在工程的 Properties>Android 中的 Library 属性添加这两个包。

（2）扩展应用显示的界面是从手机端通过蓝牙传送至手表端，因此需要考虑蓝牙的实际传送速率。为了保证显示效果的流畅度，每分钟通过 send Image 方法传送的图片最好不超过 20 幅，即手表端的图片更新频率不宜过大。

（3）需要考虑到 SmartWatch2 的分辨率很小（仅为 220×176），在设计其界面时，XML 布局文件应采用相对布局并使用绝对尺寸 px，因而在布局属性中需要添加 tools：ignore=＂ContentDescription，PxUsage＂属性以达到使用绝对尺寸的目的。

（4）密码输入器通过 show Layout 方法显示界面的方式问题，可以提供数组实参给 show Layout 方法，将密码数字和其按钮图片独立显示，但这种方法需要图片与数字通过布局文件配合才能达到比较好的效果。所以最终选择使用带数字的按钮直接显示。

2.密码输入器的测试结果

测试环境包括系统版本为 Android4.1.2 的三星 GalaxS3Android 智能手机以及索尼 SmartWatch2 智能手表。

编译并且成功安装扩展应用后，使用上述设备进行测试工作。主要测试以下几种情况是否符合既定需求。

（1）输入长度满四位的错误密码，确认提交密码后，App In Cell 并没有成功启动，手机端弹出密码错误的提示。

（2）输入长度不满四位的密码，App In Cell 也没有启动，但此时不弹出密码错误提示，表明长度不满四位的密码信息并没有通过广播发送，App In Cell 应用收不到此密码信息，故未做提示。

（3）输入任意位数字密码后，按下回退按钮，可以实现回退一位密码的功能。

（4）输入四位长度且正确的密码并确认后，App In Cell 成功启动，并弹出密码正确提示。

（5）使用与绑定蓝牙 MAC 地址不同的 SmartWatch2 输入密码，虽然有可以输入密码假象，但无论密码正确与否，App In Cell 均无任何反应。

（6）使用未自定义权限的密码输入器或者为使用该权限的普通 Android 应用，均无法成功发送或接收密码。

经过以上测试步骤，可以说明笔者设计实现的基于 SmartWatch2 的密码输入保护方案（密码输入器扩展应用）在综合研究 Smart Extension APIs 以及合理的设计实现过程中，最终成功实现了设想的所需功能。

第九章 虚拟现实与人工智能技术的综合应用

第一节 虚拟现实的未来

从机械时代开始，人类与机器间彼此交流信息的历史已近 200 年。从英国维多利亚时代，需要通过移动齿轮、链条来输入信息的计算仪器就已开始。到了 20 世纪 60 年代，键盘和阴极射线管的出现，人类与机器可以正式开始通过命令进行文字交互。70 年代，鼠标的发明让电脑信息的读取可以通过箭头移动与按钮进行，而不只是通过文字输入。不过至此人机的交流仅限于文字输入输出，直至 80 年代，第一款面向商业应用、收费高昂的图形界面 Xerox 才正式诞生。随后苹果公司推出了第一款面向消费者的黑白图形界面，并配有鼠标操作。

相比手动移动齿轮链条，鼠标键盘及图形界面的使用使人机交互简单易行了许多，但这并不是终点。20 世纪 80 年代后期，多点触摸屏技术成为技术热点，经过十几年的发展，触摸屏幕在 20 世纪末期走向成熟，并在苹果公司 iPhone 的推动下，触摸屏幕成为继鼠标键盘后的另一种主流人机交互方式。时至今日，大部分人已经习惯在智能手机或平板设备上通过滑动、触碰点击、摇晃旋转进行操作。在个人电脑方面，苹果和微软都以触摸交互设计为基础，设计了最新的操作系统。苹果提供手势支持丰富的触摸板，而微软的 Windows8 以牺牲鼠标操作性为代价支持触摸屏幕操作。

触摸操作不会是人机交互进化的重点。虽然触摸交互方式是目前已知最为自然的接触方式，但是人机互动的方式仍然可以更加接近人类自然的交流方式，甚至于有一天超越或者替代人类天然的交流方式。而虚拟现实技术的发展，就伴随着这样的期许与愿望。相较于目前所有的信息输出设备，从个人电脑、家庭影院到移动终端，虚拟现实设备将带来完全不同的完全"浸入式"体验。传统输出方式的使用者一直处于第三者视角，依靠输入输出设备交互。而虚拟现实设备让使用者切换到了真正的第一人称视角，不再是通过输入设备控制显示器中的替身，而是通过身体的移动向设备传输信息，同时全景信息将以第一人称的方式传递给使用者。如果说目前的平板电脑可以做到让未受过训练的两三岁孩子直接使用，那么虚拟现实设备，从理论上说可以让刚出生的婴儿使用（当然从婴儿健康角度考虑，我们最好不要这么做）。

同时，虚拟现实所带来的革命，将不光局限于人机互动领域，同时也会是人类信息传播史上的一个重要的里程碑。信息的记载与传递是人类文明的基础，也是人类与其他动物的基本区别。语言文字的发明使人类从物种竞争中脱颖而出，成为地球上的主宰物种。在文字被发明以前，人类试图使用绘画记录传递信息，但是绘画难以捕捉抽象概念与思想。文字和语言的发明使人类得以使用文字记录历史和思想。人类文明的产生就是奠定在一代代知识与思想的累积上的。

虚拟现实技术有希望成为继文字语言发明之后的另一个里程碑。虽然大部分信息、思想可以通过文字以及语言传递，但是文字和语言不能把所有的信息都保留传递，只能通过语言的概括、提取、描述来传递信息。因为，信息的抽象和不完整性，阅读者需要在脑中还原信息，准确度往往不是很理想。比如，用文字描述一片海滩，洁白的沙粒，一望无际的海，海天一色。高超的语言使用者能够尽可能地调动读者的想象力，指导读者去还原想要描述的画面，但是不可能做到百分百的还原。

不过就目前的发展而言，摄影和摄像技术，使得百分百还原一片沙滩成为现实。但是这还不是真正的百分百还原，因为摄影与摄像技术，还原的只是某个角度、某个时间段内的声音影像。相比而言，真实的存在于一个沙滩，可以自由地选择从任意的角度观看，可以闻到海风的味道，可以感受脚上沙子的触感和海水的冲击，还可以捡起一把沙子丢到水里。无论是在文字描述或者照片影片中，角度转换、触感、嗅觉、动作的捕捉和反馈等方面的信息都是缺失的。而虚拟现实技术发展的方向，就是从角度转换开始，一步步地使人类的描述记录更加全面，贴近于现实，最大限度地记录、提供真实世界所有的信息。

更加准确详细的信息记录带来的将是更高效率的信息传递。高效率信息传递应用的前景十分广泛，从教育、商业到娱乐社交，生活中的方方面面都将从中受益。可以替代真实的虚拟课堂，员工不需出门就可以通过虚拟现实一同合作办公，异地恋情侣、离乡打工的人们可以随时通过虚拟现实团聚。如果虚拟现实的技术足够成熟，人机互动将不必再使用任何第三方输入输出设备，就像人与人沟通一样自然。而人与人之间通过虚拟现实设备沟通，也可以达到类似于面对面直接沟通的效果。理想中的虚拟现实设备，应该能够同时在视觉、听觉、嗅觉以及触觉方面与使用者交互。

就目前的虚拟现实技术而言，要达到全面捕捉、模仿现实世界还有很长的一段路要走。很多年前，在普遍使用 Windows95 的年代，作家王小波曾写过一篇著名的杂文"盖茨的紧身衣"，文中提出一个比尔·盖茨多年前关于虚拟现实的设想，VR 紧身衣。根据王小波的描述，这款多年前构思的 VR 产品像一件衣服，上面有很多触头模仿人类的触觉，据说只要有 25~30 万个触点，就可以模拟人全身的触感。王小波曾估计，20 年后这样的科技也许可以变成现实。很遗憾的是，20 年过去了，我们现在并没有再听到过任何关于这款紧身衣的消息。这不意味着比尔·盖茨放弃了虚拟现实，微软处于开发中的 HoloLens 也是目前种类繁多的虚拟设备中的一个亮点。但是现有的 HoloLens 与紧身衣比起来，能提供视觉以及听觉方面的交互。虚拟现实的未来还有很长的路要走。

目前，虚拟设备功能主要由两部分组成，一是对使用者的移动进行捕捉，二是根据捕捉所获得的数据输出 3D 影像与声音。国内目前有许多生产虚拟设备的厂家和创业公司，大多数利用手机为载体，利用手机内置的重力感应对头部的旋转进行捕捉，同时利用 3D 眼镜实现手机屏幕上的 3D 效果。这样的设备大多只能跟踪到使用者头部的旋转。更高级的虚拟现实设备可以做到对使用者的手部或腿部动作进行局部捕捉并同步到虚拟世界，使人产生更真实的浸入感。目前，还在发展的一个种类是现实增强型，佩戴者可以戴着设备在现实世界随时移动，设备会根据现实世界的变化给出反馈。

虚拟现实的技术等级分类：

（1）简易型。只追踪头部的移动旋转。处于这个等级的设备有 Oculus DK1、Oculus DKHD、Samsung GearVR、Goolge Cardboard、Mattel ViewMaster。

（2）基础型。局部的位置追踪和定位。处于这个等级的设备有 Oculus DK2、Oculus Crescent Bay、Oculus Rift、Sony Murpheus v2。

（3）全身追踪型。可以在一个房间中追踪及定位使用者整体以及局部。处于这个等级的设备有 HTC Vive、Survious、Sulon Cortex、Vicon/Emblematic。

（4）现实增强型。虚拟世界以现实世界为基础，佩戴后可在现实世界随处移动的虚拟设备。处于这个等级的设备有 Microsoft HoloLens 和 MagicLeap。

目前，虚拟现实技术仍然处于起步阶段，与现实的可比拟度相当低，只能算是部分模拟现实。最主要的方向集中在角度转换与动作捕捉上，但是要真正实现虚拟现实，需要做到触觉、嗅觉的传递与思想的捕捉。如果这些信息的传递与捕捉能达成，就意味着人类文明将进入一个崭新的时代。

一、技术极点

就目前的技术水平而言，虚拟现实的应用场景局限于影音娱乐以及部分在线娱乐、社交中。虽然对于使用者而言，可以获得更加真实的影音效果，可以通过头部移动和手势来控制交互，但并不是完全颠覆式的体验，更多的只是面向科技爱好者的升级版的 3D 效果加动作感应。相比较而言，现实增强型设备的应用场景更广阔些，在工程设计、现代展示、医疗、军事、教育、娱乐、旅游中都大有用武之地。但如同上一节所述，虚拟现实有潜力成为人类文明的一个里程碑。但所需要的技术将远不止一个头盔设备或一套动作来捕捉系统。

在电影《黑客帝国》（matrix）里描述了一个虚拟现实代替实际现实的世界。影片中人类肉体的五感被抛弃，取而代之的是直接使用一根钢针插入人体后脑勺，通过神经直接传输进所有的与外界的交互：听觉、触觉、嗅觉、运动，并且用一个完美模仿现实世界的虚拟现实世界，代替真实人类社会的组织与架构，人类的生存变为一个类似于"缸中脑"的生存方式。

在生活中，人所体验到的一切与外界的交互最终都要在大脑中转化为神经信号。假设一个大脑并没有躯体，只是生活在营养液中维持其生理活性，但是这个大脑被传输进各种神经电信号，让它感觉自己是一个人类，活在一个世界中，并且可以随意地和外界交互。那么大脑实际并不能发现自己没有肉体，因为一切的感觉、触觉、听觉、嗅觉、移动反馈，都和有肉体一模一样。

这样的一个"缸中脑"的模型，是虚拟现实的最终目的：使用计算技术模拟出一个现实，并连接上人类大脑的神经系统，模拟取代现实。类似的概念并不只存在于《黑客帝国》中，在动漫轻小说作品《刀剑神域》中也有描述。虚拟现实设备可以代替一切人类在现实生活中可以有的体验，并且因为"虚拟"可控，可以让人类任意操作现实，只要有足够多的数据模型，任何现实生活中的体验都可以被模拟。从加勒比小岛的度假，到米其林三星的料理，与明星或者心仪的人亲密接触等一切都可以被批量生产，无限量供应，不再存在现实社会的资源有限性，每个人都可以有自己的度假小岛，天天品尝顶级美食，或者和自己心仪的明星生活在一起。

伴随着虚拟现实与真实现实之间的差距不断缩小，人类社会的生存模式面临着颠覆。我们无法预计那一天有多快到来，但是我们可以根据几个信号来判断那一天是否临近，接下来我们会根据预计的实现顺序先后，来分析几个重要的信号。

（1）内容生产能力：影像捕捉与处理技术的提升，现实空间捕捉设备。目前的影片游戏提供的只是 2D 影像，而虚拟现实所要提供的是用三维捕捉一个空间从不同角度观察可得的影像。达到这个技术，人们就可以在家中前往世界各地身临其境地参观当地的景色。同时，也需要为人体动作的捕捉反馈提供一个解决方案，目前有根据定位系统定位的、根据穿戴设备定位的各种不同解决方案，也有混合两者的方案。在游戏领域的市场化应用已经开始，所以影像捕捉与处理技术是最早有望成熟并被广泛应用的技术。

目前，各大游戏厂商、好莱坞等影视业，甚至成人影片公司也都在重点关注与投资这个领域，也有一些独立制片厂与个人正在尝试制作虚拟现实影片，技术成熟指日可待。

（2）设备技术支持：计算技术的提升，量子计算技术的成熟。图形图像一直是计算机内存和计算能力的压力来源，流畅地播放和处理影像对于低配置的个人设备而言已经是挑战，流畅地处理与播放虚拟现实的影像将会带来更大的挑战。流畅地处理虚拟现实的影音文件，需要有高速度的信息传输和计算技术。最有可能的突破点是目前还在研发阶段的量子计算技术的成熟。量子计算的速度远胜于传统电脑。传统计算机使用半导体记录信息，根据电极的正负，只能记录 0 与 1，但是量子计算技术可以同时处理多种不同状况。因此，一个 40 比特的量子计算机，就能在很短的时间内解开 1 024 位电脑花数 10 年解决的问题。

虽然量子计算技术不能大规模提高所有算法的计算速度（就部分算法而言，量子计算只能做到小幅度提升），但是量子计算在优化人工智能（AI）、机器学习（Machine Learning）方面有极大的优势，而这两者的发展对于虚拟现实技术的成熟也是必不可少的。随着量子计算技术趋向于成熟，人类对信息的编码、存储、传输和操纵能力都将大幅度提升，也为虚拟现实应用的普及提供了必备的条件。

（3）最难及最重要的：全方位输出信息。若要实现虚拟现实，必须将人造的信息内容尽可能真实地传达给接受者。传达的方式主要有两种：一是通过人的五官和皮肤间接地向大脑传递信息；二是跳过人的器官，直接向大脑传递信息。

目前，虚拟现实的发展都是基于第一种方式，头戴式 VR 设备通过人眼向大脑传递视觉信息，振动式手柄通过手上的触觉系统向大脑传递触觉信息。一些正在开发中的设备计划在头戴式 VR 中增加一个制造气味的部件来通过鼻子向大脑传递信息，这个信息传递法的弊端很明显，能量消耗成本大，信息需要先被具体化成图像、压力或者气味，然后再被人体的器官神经系统分析还原成信息输入进大脑。如果能跳过把信息具体化、再信息化这两个步骤，直接把信息从电脑传输进大脑，效率将大大提高，成本将变得可控。试想一下，如同"盖茨的紧身衣"这样包裹全身，向人体全身输送触觉信号的设备，造价昂贵不说，效果也差，因为只涵盖了人体表面的皮肤，内部的神经系统是无法涵盖的。例如，胃痛或者肌肉酸疼，这样的信号是不可能通过"紧身衣"的形式传输进大脑的，唯一的可能性就是绕过人体的感官器官和触觉系统，直接向大脑传输信号。所以，虚拟现实的发展，必将依托于脑科学的发展。

虽然脑科学的发展对于虚拟现实的发展有决定性的作用，但却是目前最落后的一个领域。如今，科学家们还不了解任何单个机体的大脑工作机制，就连只有 302 个神经元的小虫也没法了解它的神经体系。如果将大脑比作一个城市，那么目前的科学技术只能让人们看到城市的大概轮廓，却对具体细节、建筑、居民、行为模式了解甚少。

不过，脑科学的重要性在欧美、日本及国内都已引起重视。欧盟已于 2013 年 1 月启动"人类大脑计划"，将在未来 10 年内投入 10 亿欧元。欧盟的"人类大脑计划"的研究重点除了医学和神经科学外，还有未来计算机技术。科学家希望基于人脑的低能量信号传输模型，开发出模拟大脑机制的低消耗计算机。它的功率可能只有几十瓦，却拥有超级计算机的运算速度。2013 年 4 月，日本的"脑计划"也宣布启动。

同时，时代美国总统奥巴马在欧盟宣布"人类大脑计划"后，也宣布启动"大脑基金计划"。该计划将从 2016 年起，总投资约 45 亿美元。科普大讲坛上，美国科学院院士、加州大学圣地亚哥分校神经科学学科主任威廉·莫布里介绍了美国"大脑基金计划"的路线图。该计划将历时 10 年，分为两个阶段：前 5 年着重开发探知大脑的新技术，如功能性核磁共振、电子或光学探针、功能性纳米粒子、合成生物学技术；后 5 年力争用新技术实现脑科学的新发现，包括绘制堪比人类基因图谱的"人类大脑动态图"。

"人类大脑计划"的目标就是为大脑绘制一幅导航示意图，并非静态示意图，而是一个高分辨率的动态图。"大脑单个的神经元受到刺激时做出什么反应，和其他神经元怎样互动，如何转变为想法、感情乃至最后的行动，都可以观察得一清二楚。"

基于与"人类大脑计划"相似的"人类基因组"的快速进展和突破，我们也许可以对"人类大脑计划"寄予厚望。但是作为科学界最难攻克的"堡垒"之一，"人类大脑计划"比"人类基因组计划"的难度至少提升了几百倍。目前的"人类大脑计划"就好像 500 年前人类对地球的认知，以空白为主，靠的是想象和推测。大脑中的细胞数量多达上千亿个，相当于整个银河系总数，即便定位一个长 1mm、高 2mm 的大脑截面图也需要超级计算机工作一整天。我们只能期待各国科学家加强国际合作，实现即时数据分享，尽可能地推进"脑地图"的进展。

"人类大脑计划"的动态图绘制至少需要 10 年，甚至 20 年、30 年，具体日期不得而知但并不遥远。对只拥有脑地图离人类直接向大脑传输数据信号还非常遥远。相似的情况就如同目前的"人类基因组"计划，虽然基因组的图谱已经绘制成功，但是目前基因组信息的注释工作仍然处于初级阶段。如同刚刚出土了一块写有古代文字的石板，尚不具备理解的能力，距离熟练地使用石板上的文字书写、创造、编辑就更加遥远了。

虽然距离人类理解控制大脑的那一天还比较遥远，但是那一天一定会到来。届时《黑客帝国》中描述的场景也许将不再只是虚拟的幻想，人类将拥有创造出一个与现实世界可比拟的世界的能力，虚拟世界不再只是平面影片、屏幕游戏般提供视觉和听觉的感受，而是与现实世界一样提供从视觉、听觉到触觉、嗅觉、味觉的完全真实的体验。

二、未来发展

电影《黑客帝国》中描述的，无法区分真实与虚拟的虚拟现实技术是完全有可能诞生的，只要人类有足够强大的制造技术、对超大规模信息的计算传输支持，以及对人类大脑的理解与控制。但是，随着虚拟和现实的界限变得模糊，随之而来的人类的生存方式也将迎来翻天覆地的变化。

如果虚拟现实技术可以提供和现实一样真实的美好的体验，会有多少人沉浸于虚拟现实中而抛弃现实？目前的技术所提供的虚拟世界体验远不如真实世界真实，但是已经有许多成熟的虚拟社区团体，也有无数的人以"虚拟世界"为他们的真实世界，在真实世界中打发日子，勉强维持身体机能以支持他们在虚拟世界中的生活。如果虚拟现实技术的进步，使虚拟世界的真实度和现实生活难辨真假，但是可以满足人们在现实生活中不能实现的各种愿望，如果虚拟现实比现实生活更美好，我们还有理由选择在现实世界中生活吗？

在电影《黑客帝国》中，墨菲斯让尼奥在红色药丸和蓝色药丸中选择，一颗代表继续沉浸在美好平静的虚拟世界中，另一颗代表选择困难、前往一个远不及虚拟世界美好、不停逃难斗争的现实。在电影中，尼奥的苦难被赋予了意义，因为他所经受的苦难拯救了锡安，帮助 matrix 成功升级。

但是在现实生活中，并不是所有的苦难都有意义。对于残疾人而言，在现实生活中，他们不得不面对各种不便利，但是在虚拟世界中他们可以拥有完整自由的躯体。对于失去父母的孤儿而言，在现实生活中他们要面对失去父母的痛苦，但是只要在虚拟世界中输入并模拟他们父母的信息，他们的父母可以仍然存在，如同没有死去一样。在帮助人类克服现实生活中的一切苦痛方面，虚拟现实有无限的可能性。人生痛苦的来源，"生""老""病""死"，都可以通过虚拟现实来克服。

用虚拟现实克服"生""老""病"非常容易，虚拟世界可以让人以他想存在的方式存在，而不是被迫出生，并投入到他所在的家庭、角色中，同时不受时间的限制，可以一直以他最喜欢的形象面貌存在。并且虚拟世界中可以没有疾病这个设置，同时即使人的本体因为疾病饱受病痛，但是虚拟现实通过直接向大脑传输信息覆盖掉原本的疼痛信息，在虚拟世界中就可以没有病痛的苦恼。

那么，虚拟现实怎么克服死亡呢？人类肉体的寿命不可避免地有极限，但是在理论上人的思想记忆及一切大脑中的数据，是可以被量化记录并且永久保存的。如果可以完全保存一个人大脑中所有的记录，并且在虚拟现实世界中给予这个"虚拟大脑"一个躯体，那么重要的大脑记录将一直存在，如果搭乘的虚拟世界一直运行，从某种意义上就达到了"永生"，也产生了在虚拟世界中可以不死的数字化人类。

没有肉体的数字化人类可以被算作人类，并且享有人权吗？虽然这些数字化的过程包含着一个人完整的记忆、情感，并且在虚拟世界中创建一个有一切人类感觉的虚拟肉体，那么这些数字化的人类就如同哲学理念中的"缸中脑"，并不能感觉到自己没有肉体不真实存在。因为他们可以像真实存在于现实的人类大脑一样，操控一个躯体，并与外界交互。唯一的区别是他们的躯体是虚拟的，同时与他们交互的世界也是虚拟的，实际只是存储在某个服务器中的数据。

按照法国科学家、哲学家笛卡儿的一句名言："我思故我在。"如果一个个体具有能够思考的能力，那么思考这个行为本身就证明了这个个体的真实存在。因为，可以思考就可以怀疑我是否是真实的存在，如果我的怀疑是错的，那么我就是真实的存在；而如果我的怀疑是对的，那我就不是真实的存在，而一个不真实的存在怎么能怀疑呢？对于数字化的人类而言，他们具有思考与怀疑的能力，因此他们是真实存在的。但是他们应该被当作人类，享有人权吗？如果他们享有人权，如何保障他们的权益，如何维持服务器的运营及信息的保存，又成了新的问题。

从读取信息，把一个人数字化，到运行维持数字化后的人类的"生命"，每一个步骤都需要消耗支出，那么这些支出应该由谁负责呢？如果以目前人体冷藏法的执行方式为样本，寄希望于冷藏保存自己遗体，并在未来被复活的人，一次性出资安排自己死后的遗体冰冻处理，并每年支付遗体继续冰冻保存的费用，那么读取信息，把一个人数字化的成本也应该由被数字化者本身支出。对于这些冰冻保存自己身体的人而言，他们面临着未来遗体继续保存费用违约，遗体被丢弃的风险：并不能保证他们的后代（如果他们有后代的话）愿意一直持续支付他们的遗体保存费用。对于财力雄厚的人而言，也许可以在生前创立一个基金，用每年的收益来支付冰冻费用，以此来确保自己的遗体得到保存。但是对大部分人而言，遗体的权益并没有办法完全地被保护。同理，数字化后的人类面临类似的风险，是否有人愿意为他们的存在持续出资？如果被冷冻的人所需要支付的保存费用还是有上限的，保存到他们被复活为止，那么永生的数字化人类的维持费用理论上会持续到永远，于是相应的费用也是无限的。

但是相比被冷冻保存的遗体，数字化人类具有不少优势：一是他们有能力为自己发声争取权益，在虚拟世界中。二是即使他们不存在于现实世界，仍然可以为现实世界创造价值，获得收益。想象一个被数字化了的程序员，只要他在虚拟世界中仍然与时俱进，学习新的编程技术，并且又有丰富的经验，他仍然可以在虚拟世界中胜任他的工作。

虽然部分数字化人类可以创造不菲的价值，但是并不是所有的数字化人类都可以在虚拟世界中创造价值，虚拟世界中的体力劳动是没有价值的。但退一步说，现实世界中的体力劳动者大多为低收入人群，对于低收入人群而言，要获得自己数字化的一笔资金都是困难的。对于人类而言，使智力高、创造力强、经验丰富的研发人员，掌握技术的人，数字化并且持续研究创造是一件合算的事，想象一下爱因斯坦被数字化了之后仍然持续着他的研究，但是并不是每个人的数字化都有价值。从人类文明的角度而言，使用强权政府统治，确保"有价值"的个体得到数字化永生，并且让其他维持人口基数的普通大众在不可能得到"永生"的情况下仍然安分守己的生活，也许是一个不错的解决方案。

这样只有部分人享有永生权利的方案并不"公平"，而集权高压政府又违背了民主开放。如果没有集权高压政府，按照自由市场经济，享有永生权利的仍然只是少部分人，而且不是对人类最有贡献的那少部分人，而是总资本雄厚、掌握社会资源的那部分人。所以，一个虚拟现实成为真实的世界仍然不能避免矛盾，人性的本身决定了不管人类生活方式与科技如何进化，社会矛盾必然存在。如同阿道司·赫胥黎在反乌托邦作品《美丽新世界》中所描述的，科技的发展并不一定能促进人类社会精神文明的发展。

第二节　基于虚拟现实平台的人工智能未来发展

可以预见，未来人工智能将发展成为人们生活中不可分割的一部分。家居控制、车辆导航甚至代驾、信息的检索，都可以依赖人工智能语音服务。也许将来，键盘和遥控器都将成为历史。我们会习惯和自己人工智能管家说话，通过向它下达指令或者询问来达到我们的目的，而不是手动操作。当今最火爆的应该是，谷歌围棋人工智能 AIphaGo 与韩国棋手李世石进行的人机大战，最终 AlphaGo 以 4 ：1 大获全胜。任何一个领域，必然存在多个流派，人工智能领域也不例外。目前，最重要的三大流派有以下 3 种。

第一派是符号主义，又称计算机学派，其原理主要为物理符号系统假设和有限合理性原理。其实就是相信计算机的运算能力叠加，将会最终帮助机器获得自由意志。

第二派是联结主义，又称仿生学派，其原理主要为神经网络及神经网络间的连接机制与学习算法。简言之，他们相信模仿人类大脑的构成，可以制造一个相同的大脑。

第三派是行为主义，又称进化主义或控制论学派，其原理为控制论及感知—动作型控制系统。这一派认为智能不需要知识、表示和谁理，通过在现实环境中交互，智能行为会逐步得到进化。

上述 3 种研究思路，只是众多思路中的一部分，虽算是主流，但在这个充满奇思妙想的人类世界里，相信还有很多怪异的研究方法，到底哪一条路才能研制出真正的"智能人"，即拥有人类思维的机器人，在事情发生之前，没有人会知道。

人工智能学科的起源，普遍被认为是 1956 年在美国达特茅斯大学召开的一次会议。后来，被称为"人工智能之父"的约翰·麦卡锡在会议上首次提出了人工智能的概念，认为人工智能就是要让机器的行为看起来就像是人所表现出的智能行为一样。不过，这个定义不够精准。目前，对人工智能的定义大多被划分为 4 类，即机器"像人一样思考""像人一样行动""理性地思考"和"理性地行动"。这里"行动"应广义地理解为采取行动，或制定行动的决策，而不是肢体动作。

由此，诞生了"强人工智能"和"弱人工智能"的区分，即机器的思考和推理与人的思维完全一样，就是强人工智能。而如果机器只是部分拥有人的思维、推理、情感和行动能力，就是弱人工智能。我们前面提到的微软的"小冰"以及苹果的"Siri"，都只是在思维上部分拥有人类的推理、情感或其他能力，所以都属于弱人工智能。目前，流行的智能家居、智能汽车、无人机、智能手机，也都是弱人工智能的体现。

我们早已迈入弱人工智能时代，强人工智能时代又并未出现明显迹象，而虚拟现实往往被有些人认为是人工智能的范畴，实则不然，如没有赋予头盔、眼镜或者其他物件智能思维，看起来它更像是一个工具。

那么，人工智能和虚拟现实又有何种关系呢？简单来说，前者是一个创造接受感知的事物，后者是一个创造被感知的环境。人工智能的事物可以在虚拟现实环境中进行模拟和训练。不过随着时间的推移，人工智能和虚拟现实技术会逐步地融合，尤其是在交互技术子领域的融合尤为明显。或者我们可以这么来理解两者如何融合：在虚拟现实的环境下，配合逐渐完备的交互工具和手段，人和机器人的行为方式将逐渐趋同。

美国科幻电视剧《太空堡垒卡拉狄加衍生前传》中，人工智能与虚拟现实的结合已经初现端倪。格拉斯通是虚拟现实全息眼镜的发明者，他的女儿因为迷幻在虚拟世界里，参与了恐怖袭击而丧生。因思女心切利用从虚拟世界中获取他女儿的数据，应用于现实世界中的机器人，予以训练并与之交流，最终使之成为一个新的物种（Cylons，赛隆）。

另外，在 2013 年的奥斯卡获奖电影《她》中，一次偶然的机会，主人公接触到最新的人工智能系统 OS1，它的化身 Samantha（萨曼莎）拥有迷人的声线，温柔体贴而又幽默风趣。人机之间存在的双向需求与欲望，让主人公不知不觉沉浸在由声音构筑的虚拟现实中，最后他爱上了这个人工智能系统。

纽约大学的 GaryMarcus 表示，人类与人工智能的关系在刚开始也只是像人类爱他们的宠物一样简单，他们并不会爱上宠物，但会欣赏它们，在它们离世后，也会哀悼。随着人工智能的提高，人工智能会变得更像人类，尤其是借助于虚拟现实技术，人类能够加速人工智能技术的发展。Marcus 认为，人们爱上自己的设备可能会成为一种现实，或者说《她》里面的场景将真实再现于我们的真实环境中。众所周知，互联网尤其是移动互联网，对人类的行为习惯改变相当巨大。Facebook 的扎克伯格认为，虚拟现实会成为下一代社交工具，他在巴塞罗那 MWC2016 大会上还就此进行了主题演讲。

虚拟现实设备或产品，或将成为手机的下一个移动设备替代品，像当年手机取代台式计算机一样。但人类的本性是不会改变的。如果你观察一下人们是如何利用计算机平台的，包括手机和电脑，就会发现他们其实有近 1/3 的时间用于聊天或多媒体等娱乐消遣。

虚拟现实和人工智能（尤其是弱人工智能）很多的应用场景也是关乎娱乐消遣的，所以经过长期的发展，我们有理由相信人们会花费同样多的娱乐时间在体验虚拟现实和人工智能上。

即使在其他领域，虚拟现实和人工智能的结合也有着广泛的使用场景，我们拿教育领域的应用来举例。随着技术的进步，尤其是人工智能技术实现突破，有可能会出现高水平的机器人教师，它们会根据你在教学中的提问和解题中的问题，构建出一个学生学习优势、弱势的模型，从而能够实现因材施教，而且这种具备较高人工智能水平的机器人教师程序，可以批量地生产和复制。

借助于虚拟现实技术的进步，如果能将部分游戏的人机互动模式引入在线教育中，孩子们在线接受机器人教师的授课过程，将变得更加真实和有趣。孩子们可以选择自己喜欢的虚拟教师形象、声音和性别，那时在线教育的低成本、高质量优势或许才能真正发挥出来。

可以预言的是，未来几十年内虚拟现实技术与人工智能这两样技术将会为科学界开启一扇"超现实之门"，并引领下一波的科技变革。

虚拟现实与每一个传统行业的结合，都是一次次美轮美奂的革命。这种革命，将丝毫不逊色于"互联网+"所带来的革命。尤其，考虑到人工智能技术的进一步成熟，虚拟现实+人工智能+传统行业，一个新的时代正在到来，现在只是开始。

第三节　人机融合：连接未来

智能设备嵌入身体，实时读取你的生理数据，比你更了解自己的人工智能助手帮你决定终身大事。《人类简史》作者尤瓦尔·赫拉利认为，随着人工智能和生物技术的飞速发展，人机融合将在21世纪完全实现，人类未来生活将发生巨大改变。

一、人工智能对社会的冲击

人工智能在为人类带来巨大福音的同时，也引起越来越多人的恐慌，害怕人工智能对人类社会的破坏无法修复。人工智能对人类社会将造成以下几个方面的冲击（图9-1）。

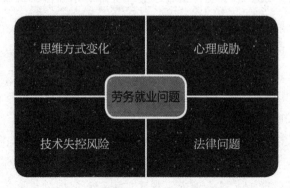

图9-1　人工智能对人类社会五个方面的冲击

第一，劳务就业问题。由于人工智能代替人类进行各种脑力劳动，将会使一部分人不得不改变他们的工种，甚至失业。人工智能在科技和工程中的应用，会使一些人失去介入信息处理活动（如规划、诊断、理解和决策等）的机会，甚至不得不改变自己的工作方式。2016年11月底，大疆创新推出先进的MG-IS型农业植保无人机，其飞行操作便捷稳定，使农药喷洒更加精准高效，完全进入了实用化阶段。农业植保无人机一旦投入市场，传统农民将变得没有丝毫竞争力。至2016年，富士康在中国各大生产基地安装了4万台机器人，以减少公司雇佣员工的数量，受此影响，富士康昆山园区员工数量在过去六七年间减少了6万人。

第二，技术失控的风险。2017年2月份，研究期刊《公共科学图书馆—综合》发表的一篇论文发现，即使那些处于完全善良意愿而设计的机器人，也可能花费数年时间彼此争斗。因此，新技术最大的风险莫过于人类对其失去控制，或者是被欲借新技术之手来反人类的人掌握。美国著名科幻作家阿西莫夫（LAsimov）甚至为此提出了"机器人三守则"：一是机器人必须不危害人类，也不允许它眼看人类受害而袖手旁观；二是机器人必须绝对服从人类，除非这种服从有害于人类；三是机器人必须保护自身不受伤害，除非为了保护人类或者是人类命令它做出牺牲。为此我们必须保持高度警惕，一方面在有限范围内开发利用人工智能。另一方面，用智慧和信心来防止人工智能技术被用于反对人类和危害社会的犯罪。而科技界关于人工智能将有可能统治人类世界的悲观理论也是技术失控的一大风险。在科幻电影《机械姬》中，就发生了机器人艾娃成功欺骗程序员杀死富翁，然后逃出实验室的失控故事。

第三，思维方式与观念的变化。人工智能的发展与推广应用，将影响到人类的思维方式和传统观念，并使其发生改变。虽然人工智能系统知识库的知识是不断修改、扩充和更新的。但是，一旦专家系统的用户开始相信系统的判断和决定，那么他们就可能不愿多动脑筋，并失去对许多问题及其求解任务的责任感和敏感性。过分地依赖计算机的建议而不加分析地接受，将会使智能机器用户的认知能力下降，并增加误解。因此，人工智能一方面解决了人类工作生活中的许多麻烦，一方面也对人类的思维方式和观念变化产生了巨大的影响。当人工智能使无人驾驶、机器人医疗、刷脸技术等越来越融入我们的生活，传统的这些只能依靠人类自己思想是不是也在逐渐转变，并不断去接受这些新的思维呢。

第四，引发法律问题。人工智能的应用技术不仅代替了人的一些体力劳动，也代替了人的某些脑力劳动，有时甚至行使着本应由人担任的职能，这就免不了会引起法律纠纷。比如，医疗诊断专家系统如若出现失误，导致医疗事故，怎么样来处理，开发专家系统者是否要负责任，使用专家系统者应负什么责任等。2015年7月，大众汽车位于德国Baimatal工厂就发生了一起意外事故，21岁的外包工人在安装和调制机器人的时候，机器人突然伸手击中工人的胸部，并且将其挤压向一块金属板，工人抢救无效，最终在附近的一家医院中死亡。虽然这起事故发生的原因不能全部由机器人承担，但由此引发了相关的法律问题。

第五，心理上的威胁。人工智能还使一部分社会成员感到心理上的威胁，或叫作精神威胁。人们一般认为，只有人类才具有感知精神，而且以此与机器相别。如果有一天，这些人开始相信机器也能够思考和创作，那么他们可能会感到失望，甚至感到威胁。人们在担心，有朝一日，人工智能会超过人类的自然智能，使人类沦为智能机器和智能系统的奴隶。对于人的精神和人工智能之间的关系问题，哲学家、神学家和其他人之间一直存在着争论。按照人工智能的观点，人类有可能用机器来规划自己的未来，甚至可以把这个规划问题想象为一类状态空间搜索。当社会上一部分人欢迎这种新观念时，另一部分人则发现这些新观念是惹人烦恼的和无法接受的，尤其是当这些观念与他们钟爱的信仰和观念背道而驰时。

这些都是人工智能的可怕之处，当然人工智能的可怕之处可能远不及此，如何处理和解决好这些问题，成为人工智能发展过程中不得不直视的现实。

二、机器学习与人工神经网络

机器学习指的是计算机无须遵照显式的程序指令，而只依靠数据来提升自身性能的能力。自20世纪50年代以来，我国机器学习的研究大概经历了4个阶段。第一阶段是在20世纪50年代中叶至60年代中叶，属于热烈时期。在这个时期，所研究的是"没有知识"的学习，即"无知"学习；其研究目标是各类自组织系统和自适应系统；指导本阶段研究的理论基础是从20世纪40年代开始研究的神经网络模型。第二阶段在20世纪60年代中叶至70年代中叶，被称为机器学习的冷静时期。该阶段的研究目标是模拟人类的概念学习过程，并采用逻辑结构或图结构作为机器内部描述。第三阶段从20世纪70年代中叶至80年代中叶，被称为复兴时期。在这个时期，人们从学习单个概念扩展到学习多个概念，探索不同的学习策略和各种学习方法。该阶段已开始把学习系统与各种应用结合起来，中国科学院自动化研究所进行质谱分析和模式文法推断研究，表明我国的机器学习研究得到恢复。1980年，西蒙来华传播机器学习的火种后，我国的机器学习研究出现新局面。机器学习的最新阶段（即第四阶段）始于1986年。一方面，由于神经网络研究的重新兴起；另一方面，对实验研究和应用研究得到前所未有的重视，我国的机器学习研究开始进入稳步发展和逐渐繁荣的新时期。

机器学习按照实现途径划分可分为符号学习、连接学习、遗传算法学习等。符号学习采用符号表达的机制，使用相关的知识表示方法及学习策略来实施机器学习，主要有记忆学习、类比学习、演绎学习、示例学习、发现学习、解释学习。记忆学习即把新的知识储存起来，供需要时检索调用，无需计算推理。比如，考虑一个确定受损汽车修理费用的汽车保险程序，只需记忆计算的输出输入，忽略计算过程，从而可以把计算问题简化成存取问题。类比学习即寻找和利用事物间的可类比关系，从已有知识推出未知知识的过程。演绎学习即由给定的知识进行演绎的保真推理，并存储有用的结论。示例学习即从若干实例中归纳出一般的概念或规则的学习方法。解释学习只用一个实例，运用领域知识，经过对实例的详细分析，构造解释结构，然后对解释进行推广得到的一般性解释。连接学习是神经网络通过典型实例的训练，识别输入模式的不同类别。典型模型有感知机、反向传播BP

网络算法等。遗传算法学习模拟生物的遗传机制和生物进化的自然选择，把概念的各种变体当作物种的个体，根据客观功能测试概念的诱发变化和重组合并，决定哪种情况应在基因组合中予以保留，如图 9-2 所示。

机器学习的应用范围非常广阔，针对那些产生庞大数据的活动，机器学习几乎拥有改进一切性能的潜力。同时，机器学习技术在其他的认知技术领域也扮演着重要角色，如计算机视觉，它能在海量的图像中通过不断训练和改进视觉模型来提高其识别对象的能力。

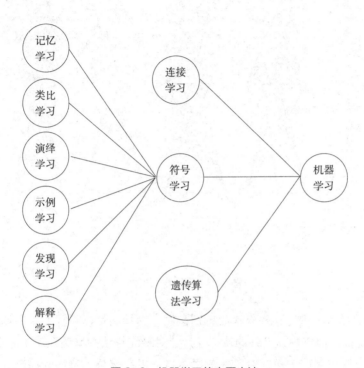

图 9-2　机器学习的主要方法

三、深度学习

深度学习是人工智能中发展迅速的领域之一，可帮助计算机理解大量图像、声音和文本形式的数据。深度学习的概念源于人工神经网络的研究，由 Hinton 等人在 2006 年提出，主要机理是通过深层神经网络算法来模拟人的大脑学习过程，希望借鉴人脑的多层抽象机制来实现对现实对象或数据的机器化语言表达。

深度学习由大量的简单神经元组成，每层的神经元接收更低层神经元的输入，通过输入与输出的非线性关系将低层特征组合成更高层的抽象表示，直至完成输出，如图 9-3 所示。具体来讲，深度学习包含多个隐藏层的神经网络，利用现在的高性能计算机和人工标注的海量数据，通过迭代得到超过浅层模型的效果。深度学习带来了模式识别和机器学习方面的革命。而深度学习的实质，就是通过构建具有很多隐藏的机器学习模型和海量的训练数据，来学习更有用的特征，从而最终提升分类或预测的准确性。

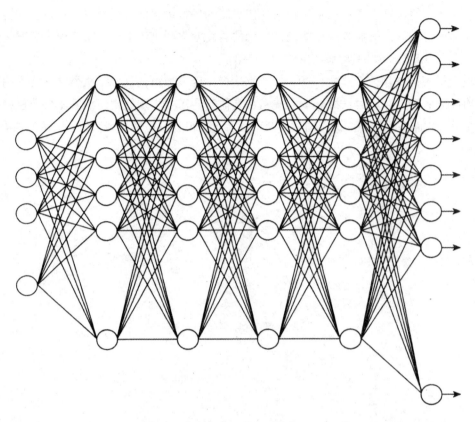

图 9-3　深度学习模型

　　传统机器学习为了进行某种模式的识别，通常的做法是以某种方式来提取这个模式中的特征。在传统机器模型中，良好的特征表达，对最终算法的准确性起了非常关键的作用，且识别系统的计算和测试工作耗时主要集中在特征提取部分，特征的提取方式有时候是人工设计或指定的，主要依靠人工提取。

　　与传统机器学习不同的是，深度学习提出了一种让计算机自动学习的模式特征方法，并将特征学习融入到建立模型的过程中，从而减少人为设计特征造成的不完备性（见图9-4）。而目前以深度学习为核心的某些机器学习应用，在满足特定条件的应用场景下，已经达到了超越现有算法的识别或分类性能。深度学习发展的 3 个阶段如下。

提取特征
良好的特征表达
人工提取

计算机自动学习
建立模型
超越现有算法

图 9-4　传统机器学习与深度学习

　　第一，模型初步。2006 年前后，深度学习模型初见端倪，这个阶段主要的挑战是如何有效训练更大更深层次的神经网络。2006 年，Geoffery Hinton 提出深度信念网络，一种深层网络模型。使用一种无监督训练方法来解决问题并取得良好结果。该训练方法降低了学习隐藏层参数的难度且训练时间和网络的大小和深度近乎线性关系。这被认为是深度学习的开端，Hinton 也被称为"深度学习之父"。

第二，大规模尝试。2011 年年底，大公司逐步开始进行大规模深度学习的设计和部署。"Google 大脑"项目启动，由时任斯坦福大学教授的吴恩达和 Google 首席架构师 JeffDean 主导，专注于发展最先进的神经网络。初期重点是使用大数据集以及海量计算，尽可能拓展计算机的感知和语言理解能力。该项目最终采用了 16 000 个 GPU 搭建并行计算平台，以 YouTube 视频中的猫脸作为数据对网络进行训练和识别，引起业界轰动，此后在语音识别和图像识别等领域均有所斩获。

第三，遍地开花。2012 年，Hinton 带领的研究团队赢得 ILSVRC-2012ImageNet，计算机视觉的识别率一跃升至 80%，标志人工特征工程正逐步被深度模型所取代。此外，强化学习技术的发展也取得了卓越的进展。2016 年，Google 子公司 DeepMind 研发的基于深度强化学习网络的 AlphaGo，在与人类顶尖棋手李世石进行的"世纪对决"中最终赢得比赛，被认为是深度学习具有里程碑意义的事件。

人工智能近年来不断突破新的极限，部署新的应用，获得快速和普遍的发展，与深度学习技术的进步密不可分。深度学习直接尝试解决抽象认知的难题，并取得了突破性的进展。深度学习的提出、应用与发展，无论从学术界还是从产业界来说均将人工智能带上了一个新的台阶，将人工智能产业带入了一个全新的发展阶段。如今，深度学习俨然成为国外研究人工智能的最热门领域。

四、机器人

近年来，人工智能的发展与制造机器人的过程密切相关。从本质上来说，如何制造人工智能，其实就是在制造智能机器人的过程。虽然计算机为人工智能提供了必要的技术基础，但是直到 20 世纪 50 年代早期人们才注意到人工智能与机器之间的联系。Norbert Wiener 在研究反馈理论时，有一个最熟悉的反馈控制的例子：自动调温器。将收集到的房间温度与希望的温度比较，并做出反应将加热器开大或关小，从而控制环境温度。Norbert Wiener 的这项发现对早期人工智能的发展影响很大。智能机器人有 3 个发展阶段。

第一代机器人也叫示教再现型机器人。第一代机器人通过计算机来控制一个多自由度的机械，通过示教存储程序和信息，工作时把信息读取出来，然后发出指令。如此，机器人可以重复地根据人当时示教的结果，再现出这种动作。

第二代机器人开始于 20 世纪 60 年代中期，被称为带感觉的机器人。这种带感觉的机器人类似人在某种功能下的感觉。当机器人在抓一个物体的时候，实际上力的大小能感觉出来，通过类视觉，能感受和识别物体的形状、大小、颜色，通过类触觉，能感受到物体的滑动和大小。

第三代机器人是智能机器人。只要你告诉它做什么，它就能做什么，而不用人去教。这个时期的智能机器人相当于人类，而这也是智能机器人的发展趋势。从现阶段来看，目前研制中的智能机器人智能水平并不高，只能说是智能机器人的初级阶段，但是它们也基本能按人的指令完成各种比较复杂的工作，如深海探测、作战、侦察、搜集情报、抢险、服务等工作，模拟完成人类不能或不愿完成的任务，在不同领域有了一定的应用。

人工智能一路上的发展离不开机器人的发展，机器人也由最初的工业机器人逐渐发展为智能机器人。制造智能机器人的过程，也是在制造人工智能。

五、人机融合

2017年5月16日，以"智能+时代，智胜未来"为主题的第四届中国机器人峰会暨智能经济人才峰会，在浙江宁波余姚开幕。会议汇聚机器人行业专家、企业家和投资人，意在推动中国机器人行业发展顶尖人才。峰会上，一个二次元魔法美少女琥珀、虚颜通过实力亮相，大秀未来"智能+"生活，验证机器人可以"集美貌与智慧于一身"。工作人员通过对话，与琥珀、虚颜完成互动，包括唱歌跳舞、开灯关灯、开关窗帘等智能家居控制，琥珀、虚颜均按指令一一完成，引来了惊叹。工作人员和琥珀、虚颜的互动，其实就是人机融合的一种表现。

面对机器人产业的迅速发展，有人担心，机器人时代到来会造成大面积失业。英国央行首席经济学家霍尔丹曾警告说，未来10~20年，美国将有8000万个工作、英国有1500万个工作可能被机器人取代。然而机器人真的能够替代人类吗？事实上，越来越多的人认为，除了让机器在某一个专业领域像人一样，代替人类或者比人类做得更好，还应更多强调机器与人类的配合，去做人和机器各自擅长的事情。通过人机更好地融合，实现之前单独无法完成的事情，甚至诞生一个新新人类的时代。其原因主要在于，虽然机器人一直拥有"超人"的优势，这不仅体现在作业的高效率、高精度、高可靠性方面，在耐疲劳、连续作业等方面也明显优于人工。也正因如此，在越来越多的领域，机器人正在逐步取代人工，成为科研、制造甚至服务业的"主力军"。但显然机器人并不能完全取代人类。所谓的"机器换人""无人工厂"，并不是完完全全不需要人。富士康的"百万机器人"计划未能如期实现的一个重要原因就是，冰冷的机器人对3C产业中复杂的零配件适应性不强，一旦出现次品，整条机器人生产线都会被迫停止并需要技术工人进行问题查找和参数调整，机器人反而不如传统产业工人来得灵活，这是机器人缺乏与工人进行互动和协作的必要手段造成的。基于此，近年来人机协同、人机融合成为工业机器人领域发展的新方向，也成为连接未来的重要途径。

事实上，人机融合的未来趋势也正体现在创新的机器人产品中。Rethink和ABB公司近年先后推出最新一代具备"人机协作"能力的机器人，机器人和工人之间除了"替换"，多了"协作"的新选项。与此同时，随着物联网技术、移动互联网、云计算、大数据等互联网技术深度应用于人机融合的过程中，其必将有助于探索并发掘出人机融合过程中的更多反馈结果，发现人机融合过程中的不足，优化制造生产效能，推进"人机融合"理念迈向更高级层次。

第四节 案例结构虚拟现实与人工智能的融合

一、虚拟驾驶环境中车辆智能体的驾驶行为模型

汽车驾驶模拟器通过操纵仿真、动力学仿真、视景仿真等系统，构造出一个驾驶者虚拟场景的交互驾驶环境。在虚拟场景模拟中，为真实模拟道路交通环境，需在场景中加入车辆等运动物体，这些运动物体模拟真实世界中对应的行为，可以实时感知环境，自行规划、决策和操作。这种具有自治性、反应性、能在复杂的动态环境中实现目标的物体，可视为智能体。在驾驶模拟器的交互场景中，尤以车辆为关键，其仿真度直接影响驾驶模拟器的真实感。虚拟场景中的车辆 agent 环境中的智能个体，具有人类驾驶者的意图和行为，可以自行根据目标以及虚拟环境中周围的车辆、交通标志、障碍物等的环境约束，自主决定路径选择、跟车、超车、加减速、碰撞避让、换道等行为，而无需人工干预。

为模拟真实的驾驶行为，虚拟环境中的车辆 agent 应能反映出驾驶行为的多样性、复杂性、不确定性、模糊性和随机性等特点以及驾驶员的个性。然而以往驾驶模拟器虚拟场景中的动态车辆模拟往往较为简化，存在驾驶行为的不真实性、可预知性和单一性。没有充分考虑到驾驶员的认知、处理和决策的复杂思维过程，以及驾驶员的不同行为特性，难以模仿出真实的驾驶行为，影响了模拟器的临场感和沉浸感，从而影响了模拟器的实效。

笔者结合人工智能、心理学等学科的研究成果，建立虚拟交通环境的多智能体结构。并从微观角度研究驾驶行为模型，将驾驶行为分为感知、决策和操作等 3 个部分，并结合驾驶员特性因子，使驾驶行为模型更贴近真实，以加强驾驶模拟器的生动性、真实感和实效性。

（一）虚拟交通环境的多智能体结构

在虚拟交通环境中，存在着多种自治的、具有智能行为的动态实体，如交通灯、动态交通公告、车辆、行人等。这些智能体间相互协作、相互影响，共同构造了复杂多变的动态交通环境，其多智能体系统结构如图 9-5 所示。

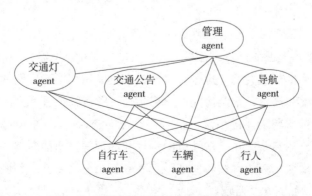

图 9-5 虚拟交通环境的多智能体系统结构

1. 管理 agent

管理 agent 负责整个交通环境的管理和监测，生成各个具有不同特性因子、目标任务和行为规则的车辆、行人 agent 等。

2. 导航 agent

负责各 agent 的路径管理，提供道路信息。

3. 交通灯 agent

根据规则自动调节交通灯信号。在每个交叉路口均设置一个交通灯 agent。

4. 交通公告 agent

提供交通管理信息、交通导向信息、各智能体状态信息等，进行有效的交通疏导和导向。

5. 车辆 agent

由管理 agent 生成，并自治地执行目标任务，如根据导航 agent，根据交通灯 agent、交通告示牌等 agent 反应，还可自动获取外界环境信息，进行判断决策，自行调整驾驶行为，完成加减速、保持车速、跟车、超车、变向、换道等操作。在相同的交通条件下，各智能体由于驾驶员特性不同，会产生不同的行为。

6. 自行车 agent 和行人管理 agent

分别模拟自行车和行人的行为，并通过占用机动车道等行为，对机动车造成干扰从而模拟出真实的混合交通环境。此外，还制造突发事件等，以提高驾驶者的应变能力。

（二）车辆 agent 的驾驶行为模型

驾驶行为是一个基于安全的综合规划过程，典型的驾驶行为一般从高到低分为任务层、规划层和操作层 3 个层次（图 9-6）。

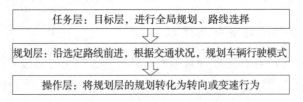

图 9-6　智能驾驶行为的层次模型

在虚拟场景中，赋予每个虚拟车辆 agent 以特定的任务，并预先确定行驶路线，如有些 agents 在某一区域道路上循环行驶，有些 agents 集中出现在模拟器 agent 行驶的道路上等。

模拟现实世界中的驾驶行为，虚拟环境中的车辆 agents 沿确定路线前进时，将根据道路信息（如路面宽度和高度、车道情况、曲率半径、障碍物位置和大小等）和时变动态交通信息（如本车、前车与后车的情况、信号灯情况、交通标志、交通公告）等各种动态、静态信息，经过分析和判断，并受驾驶员的生理和心理等因素的影响，形成驾驶决策并进行操作，实时调整虚拟车辆的方向和速度，其驾驶行为分为感知、判断决策和操作等 3 个阶段，驾驶行为模型如图 9-7 所示。

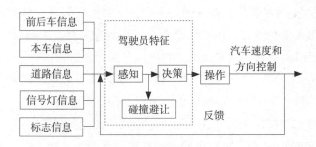

图9-7　规划层智能驾驶行为模型

1. 信息感知

在实际驾驶中，驾驶员通过视觉、听觉、触觉等来感知道路交通信息，包括路面状况、信号灯、标志信息以及本车的运行状况和前后车运行状况等模糊信息。

而在虚拟环境中，通过与管理 agent、交通灯 agent、交通公告 agent、导航 agent 等之间的通信，车辆 agent 可以获取同一道路上可视范围内的道路状况和交通信息。

对应每条道路，管理智能体均产生一个实时链表，记录该道路上各实体的 ID、属性、状态等，车辆 agent 只需查询该链表即可获取前后车的速度、加速度、位置、方向、间距等动态信息。

车辆智能体的可视范围是动态的，随着天气情况的变化而变化，如晴天的可视范围设置在 1 000 米，而雾天的可视距离为 10 ~ 500 米，根据雾的大小而变化。

2. 驾驶员特性因子

驾驶员的行为特性取决于性格、深度知觉、注意力集中程度、注意分配能力和暗适应性等心理因素，年龄、身体条件、疲劳程度等生理因素，以及驾驶经验、知识、道德修养等诸多因素。驾驶行为模型一般可分为急躁型、正常型和谨慎型 3 类，急躁型和谨慎型的行为参数一般在正常型的 105% ~ 110% 和 95% ~ 90% 的区间内随机浮动。

在实际驾驶中，同样的道路交通情况下，不同的驾驶员将得出不同的感觉和判断，并相应采取不同的决策和操作。例如，在同一道路上，急躁型驾驶员的理想车速要高于谨慎型驾驶员的，而理想车距则要小；急躁型驾驶员换道的频率要明显高于谨慎型驾驶员；在同样的交会状态下，谨慎型驾驶员可能已采取碰撞避让措施，而急躁型的还未采取。

为模拟真实世界的多样性和随机性，在虚拟环境中引入了驾驶员特性因子，将感知到的信息进行模糊处理后，获得基于不同驾驶员特性的一组模糊变量值，如车距远近、速度高低、汽车的当前速度和理想车速（即在当前的道路约束和车辆属性下，该驾驶员期望达到并维持的最大车速）的比值、汽车本身速度和前车速度的相对值等的模糊值。驾驶员特性因子能反映出不同类型、不同状态的驾驶行为，如醉酒驾驶、疲劳驾驶等，从而使驾驶行为丰富真实。

3. 基于模糊专家系统的决策模型

驾驶决策行为是基于车与车之间、车与道路之间，速度与间距的制约条件的模糊感知基础上，结合驾驶经验和技能，进行分析、比较和模糊判断，并做出有利于安全行驶的复杂决策过程。驾驶决策行为具有不确定性、模糊性、多样性和复杂性，难以用精确的数学模型来描述，宜采用人工智能方法解决。笔者采用模糊专家系统来解决，采用模糊控制器，通过模糊判断，进行模糊控制。驾驶决策过程可以分为4个过程。

（1）确定安全距离（即应急碰撞避让车距），确定是否采取碰撞避让措施。安全距离是根据前后车速度、制动距离、反应时间以及道路条件等判断的。

（2）确定当前理想车距、理想车速和预处理距离（驾驶员受车距制约的范围）等。

（3）进行速度和间距的模糊判断，如速度是否达到理想车速，间距是否足够等。这种判断具有模糊性，并且受驾驶员特性因子的影响带有明显的主观性和倾向性。

（4）决定最终的决策和操作动作。

影响驾驶决策行为的因素有以下6种。

（1）根据行车计划选择路径。

（2）根据交通管制信号和交通规则进行强制性变道等操作。

（3）根据道路情况、交通信号、车型、驾驶员特性，判断出该道路上的理想车速。

（4）根据本车的速度、前车车速等判断出与安全距离，理想车距，预处理距离。

（5）通过与前车的车距的比较，以及跟车、超车和变道等控制策略，决定碰撞避让、保持车速、加速、减速、变道、超车、跟车等的决策。

（6）在决定车辆是否变道、超车时，除考虑本车道的情况外，还要考虑相关车道的情况，需要判断是否有足够的变道空间、足够的变道时间和足够的变道能力，并考虑驾驶者的主观意愿。例如，变到左车道，需通过左车道前后车的速度，判断出左车道的安全换道车距并与左车道的间隙进行比较。当超车时，还需要通过前车的速度判断出安全换道车距，并与前车车距进行比较。后车超车信号或相邻车道换入本车道信号等、左车道是同向车道标志以及左车道是逆向可借车道标志和驾驶者的主观意愿都对决策产生影响。

安全距离和理想车速的判断较为复杂，不但受速度的影响，并且在相同的外界条件和不同的驾驶员模式下具有不同的价值。

车辆的驾驶模式有以下7种。

（1）碰撞避让：当存在碰撞危险时，进行碰撞避让。

（2）加速：与前车距离足够，并且速度未达到条件，且不受其他车辆干扰的情况下常采取的模式。

（3）保持车速：与前车距离足够，并且速度达到条件，且不受其他车辆干扰的情况下常采取的模式。

（4）减速：与前车太逼近且不满足换道条件时通常采取的模式。

（5）换道：有足够的换道空间和时间，而又无超车信号或并车信号时所常采取的模式。

（6）超车：类似于换道，但道路条件仅满足借道超车的情况下常采取的模式。包括转换车道、借道加速、转换回原车道等。

（7）跟车：不满足以上超车、换道等条件下一般采取的模式。跟车的车辆对汽车车速进行调整，以维持一定的车辆间距。

模糊专家系统采用模糊集和模糊关系等来表示和处理知识的不确定性和不精确性，把输入项分为几个相互部分重叠的模糊集，每个模糊集用来描述各项的隶属度，并通过逻辑推理，即获取人类专家的结构化知识，来模拟人抽象思维的能力。

4. 碰撞避让决策

碰撞避让为特殊情况下的应急驾驶行为。当车辆智能体判断出存在碰撞危险性时，即进入碰撞避让阶段，做出相应的避让决策和操作，如减速、变向等，直接进行速度和方向的控制，以缩短中间环节和行动时间，如实地反映真实驾驶中驾驶员在危急状况下的本能反应。

5. 决策的操作实现

操作层负责根据规划层的决策做出实际的对方向和速度的控制，即对应驾驶员对油门、刹车、方向盘等操纵结构的控制，从而实现对车辆的控制。

操作过程中，同样受驾驶员特性因子的影响，不同的驾驶员特性因子具有不同的反应时间和驾驶行为，也可以模拟出酒后驾驶或疲劳驾驶等的状态，从而模拟出各种交通状态，营造突发事件。

（三）智能驾驶行为的软件实现

采用 3DMax 创建了一个具有地景库、静景库和动景库的城市综合交通环境，采用OpenGVS 视景官理软件进行视景驱动开发，从而建立模拟器视景系统。并在 VC++ 编程环境和 Windows 的运行环境下，结合制技术，建立虚拟环境中车辆 agents 的智能驾驶行为模型。

从显示效果看，模型中各车辆 agents 和操作，并反映出不同的驾驶特性，较好地达到了预期目标。

总之，笔者在汽车驾驶模拟器的虚拟场景中，引入具有智能驾驶行为的车辆模糊专家系统进行模糊判断、模糊逻辑推理决策和操作。并通过驾驶员特征因子反映驾驶行为的多样性，实现了车辆模拟驾驶器的虚拟交通情况更加真实、生动、可靠。并运用 OpenGVS 实现驾驶虚拟场景的实时生成和交互显示，从而在虚拟环境中基本真实地模拟车辆的运动，产生较好的临场感，获得良好的仿真效果。

二、虚拟现实在无人驾驶地铁中的应用浅析

随着地铁列车技术的飞速发展，无人驾驶地铁列车已经成为未来的主流发展趋势。随着香港、北京、上海等地相继启动无人地铁列车建设项目，我国地铁列车也将进入无人驾驶的新阶段。运用三维虚拟与仿真技术模拟出从设计制造到运行维护等各阶段、各环节的三维虚拟环境，研发人员和使用者可以在虚拟环境中全身心地投入到无人驾驶地铁的整个工程之中进行操作。从而能够在物理资源环境受限的条件下，拓展研发人员和技术人员的设计和研发能力，有助于提高整个工程项目的效率和质量，同时也降低了整个工程项目的时间成本和人力成本。

（一）列车虚拟设计

在无人驾驶列车设计过程中可以采用虚拟现实技术对地铁车站、运行线路、通信线路等基础设施及无人驾驶列车内部车载设备，以三维立体的方式呈现给设计人员，使项目设计人员坐在电脑前就能感受到地铁列车的整个运行过程（图9-8）。另外，设计人员通过三维立体模型，可以在虚拟环境下以不同的视角对车辆的组成结构和各部分的构造进行观察，也可以随时对车辆在不同的工作条件下的动力学性能、运行状态、车厢内状况等方面进行研究。通过列车虚拟设计，设计人员可以在物理样机制造之前尽可能地发现设计缺陷，从而将制造风险降至最低。

图9-8　虚拟环境下的列车驾驶舱

（二）列车虚拟装配

无人驾驶列车装配过程较为复杂，为保证无人驾驶列车的设计符合工程力学、流体力学等的要求，可以利用计算机对列车各部件进行虚拟仿真，使装配人员可以在计算机上进行虚拟装配，从而能够方便地检查出各部件之间是否兼容。对于装配工人的培训尤为重要，现场装配训练不仅需要占用大量的软硬件资源，而且培训的效果难以评估。列车虚拟装配让受训人员在虚拟环境中熟悉列车各个部件及其装配过程，提高培训人员的设备装配能力。学员只需要佩戴虚拟现实头盔或者眼镜，即可获得身临其境的场景，提高了装配训练的效果。

（三）列车虚拟运行

无人驾驶列车的测试运行是在正式上线运行前对无人驾驶列车可靠性、安全性的最终检验，在真实条件下运行需要耗费大量的人、财、物投入。为了尽量减少测试的时间，同时又能检测出所有的风险，可以采用虚拟运行的方式。利用计算机三维虚拟仿真技术对无人驾驶列车的运行状态、各部件实时状况及列车运行环境的变化情况进行模拟，从而在物理运行前最大限度地检测列车运行的可行性。同时，可以利用计算机对部分参数进行更改测试，观测数据变化对列车运行带来的影响，从而发现不同参数对于列车运行的影响规律，为列车正式运行使用提供了参考，降低了真实运行的风险，并使相关的工作人员在遇到突发状况后能够快速进行处理。

（四）列车运行监控

传统的显控技术仅将列车行驶的各种状态信息和列车设备的参数信息在中控平台上以数字化的形式显示出来，引入虚拟现实技术可以更为直观地进行实时监控。基于虚拟现实的实时监控系统可划分成车载部分和控制中心两部分。车载部分完成地铁列车参数的采集、发送，同时对控制中信号的接收、执行以及自主行驶等功能。控制中心部分完成控制中心操纵指令的采集、发送和对车载发射机发送的信号的接收、存储、显示、天线跟踪等功能。远程监控人员可佩戴虚拟现实头盔设备实时感知列车的运行状态。

（五）列车虚拟维修

维修和保养是保证无人驾驶列车安全、可靠运行的重要环节。维修人员不可能在列车实际上线运行过程中进行维修训练，而在列车发生故障时难以及时相应和处理。因此，引入虚拟现实技术在日常生活中培训和实时维修中就可以有效提高维修人员的能力和故障的解决效率。一方面，维修人员在日常中可以利用虚拟现实技术进行维修预演和仿真，加强对自身的维修技能掌握；另一方面，在列车出现突发故障时，维修人员可以通过虚拟现实设备，参照虚拟维修训练教程现场学习，尽快解决现场故障。

三、结合虚拟现实技术的智能衣橱系统的设计与实现

近年来，用户对于移动应用服务的需求越来越多样化，涉及日常生活的方方面面，网购试衣、穿衣搭配就是其中一个方面。但由于研发投入以及技术上的限制，目前已经出现的一些衣橱类手机应用程序有很多不足，普及率有限。论文针对国内移动应用市场上"传统衣橱 APP+VR+AI"类应用的空白，尝试将人工智能和虚拟现实技术引入手机衣橱，以提高用户体验。

（一）国内外智能衣橱应用发展概况

智能衣橱 APP 的兴起让服饰领域的电商企业也嗅到了新的商机，考虑到用户在网上购衣时面临以"无法试穿"为主的一系列现实问题，这些问题阻碍了服装网购平台的进一步发展。然而随着目前计算机软硬件技术的发展，将 VR 技术与穿搭场景相结合研发"虚拟试衣技术"成为智能衣橱 APP 的下一个发展方向。由于虚拟现实的技术属性和商业化特点，VR 在服饰领域正完美充当着"互联网+"的先锋军角色。一些占据服饰领域的电商企业为了契合当前用户的消费心理需求，增加用户黏性，尝试将虚拟试衣功能加入导购类智能衣橱应用中，纷纷推出自己的线上衣橱以及虚拟试衣平台。比如，京东的京致衣橱，淘宝的

虚拟试衣间以及优衣库的在线虚拟试衣平台等。手机淘宝团队曾于 2015 年推出 360 度虚拟试衣功能，此前京东商城也曾在 2014 年年初试推过"虚拟试衣间"，用户在网上上传自身照片并调整身体各方面指数，就能看到一个虚构的、模拟的人身图像，但却不能展现用户真实的身体特征。类似优衣库的虚拟试衣平台也只能尽可能让用户选择身材相仿的虚拟模特，"换上"款式简单的衣服展示穿衣效果。也许是意识到 VR 极高的技术门槛，京东在 2014 年底决定和 Intel 公司合作，期望在未来几年内能把 Intel 公司独有的"实感技术"与京东的"虚拟试衣间"结合。由此看来，京东与微信共同推出的"京致衣橱"APP 也许将在未来几年内完善虚拟试衣间的功能。在国外，虚拟试衣服务与国内相比要完善一些，美国的一家创业公司——Metail 可以根据用户上传的全身照片和身体各项数据生成虚拟模特，穿衣效果比国内的虚拟试衣显示的真实许多，这项技术帮助他们拿到了 1 200 万美元的 B 轮融资。以上种种实例说明，将虚拟现实技术运用到智能衣橱 APP 是当前"互联网 +VR"的大趋势，各大电商企业为了提升服饰类商品的购买体验，来刺激用户消费的行为。

各类虚拟衣橱 APP 给用户提供了耳目一新的搭配和试衣体验方式，但由于当前 VR 技术还不够成熟，操作过于繁琐，大部分线上虚拟试衣平台无法在电脑和移动终端面前为用户提供多种类衣服的良好试穿体验。同时，无法持续投入技术研发成本导致用户黏性不足甚至流失，从用户的需求角度来看。目前，各大平台提供的虚拟试衣服务并不能还原真实的试衣细节，网上选购衣物要考虑到合身和搭配两点需求中的至少一个才算成功。第一，前者的技术核心在于参数化的仿真模型。要获得更加逼真的虚拟试衣场景，将是一项成本巨大的工程，不仅要对每个物体单独三维建模，还要用到复杂的编程技术和建模软件。由于，VR 系统对实时性的要求较高，虚拟试衣场景和移动电商领域具有其特殊性，虽然目前存在多种成熟的建模技术，但导入大量衣服和人体数据依然困难，模拟人体的角度、光线、褶皱等细节也无法精确展现。第二，后者的搭配功能和用户所处的真实环境，如天气温度、场合等因素没有良好的相关性。因此，以购物商城为依托的线上衣橱和虚拟试衣类 APP 目前在实际生活中并没有得到用户的持久关注。

综上所述，智能衣橱 APP 近年来在国内外均有一定的研究和发展，不管是在日常生活方面还是购物方面，用户对智能衣橱 APP 都有很大的需求，其面向的对象也不仅局限于女性群体，只要对穿衣有需求的群体都是智能衣橱 APP 的受益者。近年来，移动互联网的快速发展带动了计算机软硬件的不断改进，对应虚拟现实技术和人工智能的研究也渐成体系，将传统智能衣橱 APP 与 VR 技术、AI 技术相结合将是智能衣橱 APP 未来的发展趋势，不过短期内要跨过相关的技术门槛还是一件任重道远的事情。由于当下 VR 技术的发展还不成熟，人工智能在衣橱类 APP 中的应用也不够充分，现有的智能衣橱 APP 尚处于起步阶段，未来还有很大的发展空间。

（二）智能虚拟衣橱总体设计

1. 智能虚拟衣橱总体架构

针对以上功能模块的需求和具体实现过程，论文设计的智能虚拟衣橱应用在硬件平台不仅涉及移动智能终端，还包括服务器。客户端基于 android 平台，后台服务器的选择考虑到技术成熟度、性能和开源等特点，采用的是当下普遍使用的 Web 应用服务器 Tomcat，数据库平台为 MySQL，其体积小、速度快、成本低，而且源码开放，对于大部分研发者和小规模企业来说，MySQL 足以满足开发和使用需求。

考虑到客户端和服务器的功能需求和设置，客户端的主要操作在于将衣橱分类、上传分类衣物图片、图片的输出和更新等，所以将其主要的逻辑功能实现，如衣物推荐功能都放在服务器端处理。论文设计的智能虚拟衣橱应用的整个软件系统是基于 B/S（Browser/Server，浏览器/服务器）的三层架构设计的，B/S 架构随着互联网的普及而出现，从本质上说，B/S 架构可看作是一种由传统的二层模式 C/S 架构改进而来的三层模式，是 C/S 架构在 Web 上应用的特例。B/S 架构的特点如下：①三层架构，由浏览器客户端，Web 服务器和数据库服务器组成。②B/S 架构的浏览器就是客户端，只能实现简单的输入输出信息和共享功能，主要的逻辑事务要在服务端处理。③B/S 是浏览器客户端通过 Web 服务器向数据库服务器发送数据请求，实现多对多的通信。④B/S 采用 JDBC 方式连接数据库服务器，客户端有请求就连接，结束后就断开，对用户连接的数量没有多大限制。

三层的 B/S 架构中的第一层是浏览器客户端，仅可以进行简单的输入输出功能，基本不处理事务逻辑；第二层是 Web 服务器，负责传递数据；第三层是数据库服务器，负责处理主要的逻辑事务，主要对数据库进行操作，将处理后的信息反馈给第二层。

在笔者设计的智能虚拟衣橱 APP 中，客户端与服务器的通信采用 http 协议，客户端与服务器之间所有的数据交互通过 http 协议的 HttpServk 类实现。服务器端通过 Servlet 接口接收客户端的请求，Servlet 容器解析客户端的 http 请求，把请求封装成一个 HttpServletRequest 对象，将对象传给 HttpServld 的 service 方法，信息反馈给数据库后生成的响应数据传给客户端，Servlet 只用来扩展基于 http 协议的 Web 服务器。

2. 智能虚拟衣橱功能框架

智能虚拟衣橱应用主要由客户端和后台 Web 服务器构成，论文针对智能虚拟衣橱应用的实际需求，在客户端和服务端分别进行了功能框架设计。

（三）智能虚拟衣橱功能设计

针对客户端和服务端的功能框架设计，此处根据不同的功能模块，对该模块涉及的具体功能进行设计。

1. 用户注册功能

用户第一次使用本应用时需要进行账号注册和密码设置，所有注册的用户信息将会传到服务器以用户信息表的形式储存，使注册过的用户下次可以直接登录。

2. 用户登录功能

用户注册后就可以输入账号以及密码登录系统，服务器接收到登录请求后，判断与数据库里的该用户的信息表是否吻合，并将请求的响应数据返回给客户端，信息若一致，客户端将登录成功，否则无法登录。

3. 衣橱分类功能

衣橱分类功能是整个应用的基础功能，在对衣橱进行衣物分类的基础上，通过拍照或相册导入的方式加入用户的衣物，添加时会附加一些属性信息。比如，适用季节、穿衣指数、风格、场合、品牌价值等，所有的图片信息从客户端上传并储存在服务端的数据库。用户通过此功能可以把现实中的衣橱搬到移动终端，打造个人的专属衣柜。

4. 我的搭配功能

和衣橱分类功能类似，所有搭配图片都上传到服务端。我的搭配分为已有搭配和收藏搭配两部分，用户可以通过相册导入或拍照将搭配图片保存已有搭配里，操作上同样要输入衣服的属性信息。收藏搭配可以对已有的搭配进行标记收藏，也可以添加自己在生活、网络、街拍上欣赏的搭配素材，给自己的搭配增加灵感。

5. 天气预报功能

用户打开应用后，主界面会根据 GPS 定位显示当地的实时天气信息，这些信息是通过调用百度天气的第三方接口实现的。用户还可以自定义查询其他位置的天气，并且随时随地进行更新。

6. 智能推荐穿衣功能

推荐穿衣功能主要是通过今日天气的温度范围、场合、频率等特征来推荐最优的穿衣搭配方案，通过百度天气接口获取今日天气温度范围。根据穿衣领域的"26 度穿衣法则"生成"穿衣指数评分公式"对衣服图片进行打分和评估，过滤出符合当下季节、温度等内容的穿衣方案。再根据用户对场合和衣服的穿搭频率加权打分，生成"最佳穿衣指数公式"智能化推荐今日最优穿衣方案。用户可以根据今日天气、选择场合查看当天推荐的穿衣搭配方案，属于本应用的核心功能之一。

7. 立体显示功能

立体展示是"VR 试衣"的功能模块之一，与 2D 的单一化图片显示相比，立体显示的素材取自实际拍摄效果图片，能呈现出真实的搭配效果。用户通过拍照或相册导入两张左右平行拍摄的照片，戴上 VRBOX 头盔式虚拟现实眼镜即可观看搭配图片的 3D 立体展示效果。

8. 360 度全景展示功能

"VR 试衣"的另一个功能模块，利用对象全景技术，以搭配的场景对象为中心，环物拍摄多张照片根据矩阵排列导入，使用此模块时用户不需要借助 VRBOX 设备就可以 360 度全景观看搭配场景。本功能模块使用 Object2VR 软件实现 PC 端的全景展示，以同样的原理在手机上实现观看全景功能，可 360 度交互地观看搭配场景（图 9-9）。

图 9-9　VR 试衣现场图

参考文献

[1] 李彦宏.智能革命:迎接人工智能时代的社会、经济与文化变革 [M].北京:中信出版社,2017.

[2] 斯特凡·韦茨.搜索:开启智能时代的新引擎 [M].北京:中信出版社,2017.

[3] 舒文琼,刘宁宁.智能制造的本质为智能生态 [J].通信世界,2017（4）:19.

[4] 智春丽.当两会报道遇到人工智能 [J].青年记者,2017（4）34-35.

[5] TalkingData.智能数据时代:企业大数据战略与实战 [M].北京:机械工业出版社,2017.

[6] 周志敏,纪爱华.人工智能:改变未来的颠覆性技术 [M].北京:人民邮电出版社,2017.

[7] 李开复,王咏刚.人工智能 [M].北京:文化发展出版社,2017.

[8] 许茜,杨超.让中国登上"超算之巅" [J].中国科技财富,2017（5）:37-38.

[9] 上海张江综合性国家科学中心.新速度,上海超算中心"三步走"实现升级扩容 [J].华东科技,2017（3）31-33.

[10] 冯智能.网络安全体系结构的设计原则与实现方案研究 [J].自动化技术与应用,2017,36（6）:32-32.

[11] 黄卓鹏,邱彬洵.浅谈人工智能技术在网络空间安全防御中的应用 [J].中国科技投资,2017（8）.

[12] 范亮,陈倩.人工智能在网络安全领域的最新发展 [J].中国信息安全,2017（4）:104-107.

[13] 刘志远."未来医疗:智能时代的个体医疗革命"评价 [J].科技导报,2017（2）:96.

[14] 卡鲁姆·蔡斯.人工智能革命:超级智能时代的人类命运 [M].北京:机械工业出版社,2017.

[15] 邵江宁.基于人工智能后发制人的网络安全新对策 [J].信息安全研究,2017,3（5）:418-426.

[16] 吴军.智能时代:大数据与智能革命重新定义未来 [M].北京:中信出版社,2016.

[17] 松尾丰,盐野诚,陆贝旎.大智能时代:智能科技如何改变人类的经济、社会与生活 [M].北京:机械工业出版社,2016.

[18] 陶永.面向未来智能社会的智能交通系统发展策略 [J].科技导报,2016（7）:48-49.

[19]　杰瑞·卡普兰.人工智能时代:人机共生下财富、工作与思维的大未来 [M].浙江:浙江人民出版社,2016.

[20]　葛蔚.关于超级计算发展战略方向的思考 [J].中国科学院院刊,2016(6):614–620.

[21]　褚君浩,周戟.迎接智能时代:智慧融物大浪潮 [M].上海:上海交通大学出版社,2016.

[22]　雷·库兹韦尔.人工智能的未来:如何创造思维 [M].盛杨燕,译.杭州:浙江人民出版社,2016.

[23]　卢西亚诺·弗洛里迪.第四次革命:人工智能如何重塑人类现实 [M].王文革,译.杭州:浙江人民出版社,2016.

[24]　陈希琳.万亿人工智能市场将开启 [J].经济,2016(12):38–41.

[25]　邓力,俞栋,谢磊.深度学习 [M].北京:机械工业出版社,2016.

[26]　《机器人技术与应用》编辑部.人机融合,让机器人更智能——热烈庆祝第三届中国机器人峰会暨全球海归千人宁波峰会在余姚盛大举行 [J].机器人技术与应用,2016(3)18–22.

[27]　张昱.当超算遭遇"中国制造 2025"[J].新理财,2016(8):52–53.

[28]　凯文·凯利.必然 [M].北京:电子工业出版社,2016.

[29]　王万良.人工智能及其应用 [M].北京:高等教育出版社,2016.

[30]　廖湘科.面向大数据应用挑战的超级计算机设计 [J].上海大学学报(自然科学版),2016,22(1):3–16.

[31]　葛蔚.关于超级计算发展战略方向的思考 [J].中国科学院院刊,2016,31(6):614–623.

[32]　龚盛辉,曾凡解."国之重器"诞生记——中国超算强国之路 [J].时代报告,2016(22):1–2.

[33]　黄鼎曦."云计算 + 超级计算"——见划精准化的新路径 [J].城乡规划:城市地理学术版,2016(4):66–74.

[34]　Jeremy.百亿亿次级超级计算的 3 种实现途径 [J].科技纵览,2016(1):12–13.

[35]　姜楠.量子图像处理 [M].北京:清华大学出版社,2016.

[36]　邹欣彤.云计算环境中的计算机网络安全 [J].智能城市,2016(4):132–133.

[37]　赵志学.计算机网络安全技术的影响因素与防范措施 [J].智能计算机与应用,2016,6(3):98–99.

[38]　郭铁成.中国制造 2025:智能时代的国家战略 [J].人民论坛(学术前沿),2015(19):54–66.

[39]　王世伟.论信息安全、网络安全、网络空间安全 [J].中国图书馆学报,2015(2):72–84.

[40]　姚奇富.网络安全技术 [M].北京:中国水利水电出版社,2015.

[41]　P.W.辛格,艾伦·弗里德曼.网络安全:输不起的互联网战争 [M].北京:电子工业出版社,2015.

[42]　王汉华,刘兴亮,张小平.智能爆炸:开启智人新时代 [M].北京:机械工业出版社,2015.

[43]　张小红,张金昌.智能时代的流行术语与发展趋势 [J].甘肃社会科学,2014(6):203–206.

[44] 刘亭.善借网络智能整合利用资源 [J].世界电子元器件,2014（11）:12.

[45] 马维莫.大数据与人工智能 [J].数字商业时代,2014（1））:68-69.

[46] 林欣达.融合云计算和超级计算的 CAE 软件集成系统的设计 [J].广东工业大学学报,2014（3）:72-76.

[47] 陈赤榕.云计算服务:运营管理与技术架构 [M].北京:清华大学出版社,2014.

[48] 李娜,孙晓冬.网络安全管理 [M].北京:清华大学出版社,2014.

[49] 龙马工作室.黑客攻击与防范实战从入门到精通 [M].北京:人民邮电出版社,2014.

[50] 汤蹈.探讨常见计算机网络攻击手段及安全防范措施 [J].计算机光盘软件与应用,2014（12）:175-176.

[51] 霍金斯.智能时代 [M].北京:中国华侨出版社,2014.

[52] 城田真琴.大数据的冲击 [M].周自恒,译.北京:人民邮电出版社,2013.

[53] （美）奥尔霍斯特.大数据分析:点"数"成金 [M].北京:人民邮电出版社,2013.

[54] 马建光,姜巍.大数据的概念、特征及其应用 [J].国防科技,2013,34（2）:10-17.

[55] 孟小峰,慈祥.大数据管理:概念、技术与挑战 [J].计算机研究与发展,2013,50（1）:146-169.

[56] 维克托·迈尔 - 舍恩伯格,肯尼思·库克耶.大数据时代:生活、工作与思维的大变革 [M].浙江:浙江人民出版社,2013.

[57] 严霄凤,张德馨.大数据研究 [J].计算机技术与发展,2013（4）:58-172.

[58] 迟学斌.我国超级计算发展状况研究 [J].调研世界,2013（8）:56-60.

[59] 钟焱.超级计算机的进展与评价 [J].计算机光盘软件与应用,2013（21）:82-83.

[60] 郑宁,王冰,党岗.广州超级计算中心应用发展分析 [J].计算机工程与科学,2013,35（11）:187-190.

[61] 党岗,程志全.超级计算中心核心应用的浅析 [J].计算机科学,2013,40（3）:133-135.

[62] 李敏,卢跃生.网络安全技术与实例 [M].上海:复旦大学出版社,2013.

[63] 孟样丰,白永祥.计算机网络安全技术研究 [M].北京:北京理工大学出版社,2013.

[64] 裴昌幸,朱畅华,聂敏.量子通信 [M].西安:西安电子科技大学出版社,2013.

[65] 王向辉.计算机网络安全攻击的手段和安全防范措施[J].计算机光盘软件与应用,2013（8）:177-178.

[66] 傅颖勋,罗圣美,舒继武.安全云存储系统与关键技术综述 [J].计算机研究与发展,2013,50（1）:136-145.

[67] 熊芳芳.浅谈计算机网络安全问题及其对策 [J].电子世界,2012（22）:139-140.

[68] 涂子沛.大数据:正在到来的数据革命 [J].求贤,2012,60-61.

[69] 张德丰.云计算实战 [M].北京:清华大学出版社,2012.

[70] RayKurzweil, Kurzweil, 李庆诚,等.奇点临近 [M].北京:机械工业出版社,2011.

[71] 樊勇兵，丁圣勇，陈天，汪来富，等.解惑云计算 [M].北京：人民邮电出版社,2011.

[72] 雷葆华,江峰,饶少阳.云计算解码:技术架构和产业运营[M].北京:电子工业出版社,2011.

[73] 刘刚.Hadoop 开源云计算平台 [M].北京：北京邮电大学出版社,2011.

[74] 刘鹏.云计算.第 2 版 [M].北京:电子工业出版社,2011.

[75] 皮埃罗·斯加鲁菲.智能的本质人工智能与机器人领域的 64 个大问题 [M].北京：人民邮电出版社,2011.

[76] 李滢雪.云计算与超级计算的融合 [J].电信科学,2010（S2）:247–251.

[77] 陈阿林.云计算应用直通车 [M].重庆:重庆大学出版社,2010.

[78] 王鹏,黄华峰,曹珂.云计算:中国未来的 IT 战略 [M].北京:人民邮电出版社,2010.

[79] 王群.计算机网络安全管理 [M].北京:人民邮电出版社,2010.

[80] 王鹏.云计算的关键技术与应用实例 [M].北京:人民邮电出版社,2010.

[81] 钟志水.云计算的现在和未来 [J].现代计算机:专业版,2010（1）:34–37.

[82] 周可,王桦,李春花.云存储技术及其应用 [J].中兴通信技术,2010,16（4）:24–27.

[83] 程艳丽,张友纯.IP 通信网络安全攻击与防范 [J].信息安全与通信保密,2010（4）:39–41.

[84] 王鹏.走进云计算 [M].北京:人民邮电出版社,2009.

[85] 王庆波.虚拟化与云计算 [M].北京:电子工业出版社,2009.

[86] 张为民.云计算:深刻改变未来 [M].北京:科学出版社,2009.

[87] 旗讯中文.黑客攻击与防卫 [M].北京:电脑报电子音像出版社,2009.

[88] 曹天元.量子物理史话 [M].辽宁:辽宁教育出版社,2008.

[89] 钟义信."信息 – 知识 – 智能"生态意义下的知识内涵与度量 [J].计算机科学与探索,2007（2）129–137.

[90] 贾铁军.新型智能防火墙的关键技术及特殊应用 [J].上海电机学院学报,2007, 10（3）194–196.

[91] 吴细花.超级计算机的现状、应用及展望 [J].科技创业月刊,2006（10）:94–95.

[92] 黄中伟.计算机网络管理与安全技术 [M].北京:人民邮电出版社,2006.

[93] 杨富国,吕志军.网络设备安全与防火墙 [M].北京:北京交通大学出版社,2005.

[94] 袁津生.计算机网络安全基础 [J].信息网络安全,2003（3）:35–35.

[95] 周仲义.网络安全与黑客攻击 [M].贵阳:贵州科技出版社,2004.

[96] 李海泉,李健.计算机网络安全与加密技术 [M].北京:科学出版社,2001.

[97] Marcus Gonralves, Goncalves.防火墙技术指南 [M]北京:世界图书出版公司北京分公司,2001.

[98] 王新梅.纠错密码理论 [M].北京:人民邮电出版社,2001.